Prof. Dr. Karl Poehlemann.

ПРОЕКТИВНАЯ ГЕОМЕТРІЯ

въ

СИНТЕТИЧЕСКОМЪ ИЗЛОЖЕНІИ.

Д-ра Карла Делемана,

профессора Мюнхенскаго университета.

Съ 91 чертежемъ.

ПЕРЕВОДЪ

съ третьяго, дополненнаго и исправленнаго нѣмецкаго изданія

Р. И. Гольцберга и П. Ерохина

подъ редакціей

приватъ-доцента М. Лагутинскаго.

ЦѢНА 1 РУБ.

Изданіе А. Дредера.

ХАРЬКОВЪ.

Типографія фирмы „Адольфъ Дарре". Московская улица, № 19.

1908.

СОДЕРЖАНІЕ.

Предисловіе редактирующаго.

Въ послѣднее время въ Германіи появился рядъ небольшихъ курсовъ по всѣмъ научнымъ областямъ. Курсы эти годны какъ для самообразованія, такъ и въ качествѣ пособій первоначальнаго обученія.

Мнѣ кажется безспорнымъ, что первоначальное ознакомленіе съ предметомъ должно быть произведено возможно кратко. Только тогда основныя понятія данной науки могутъ быть усвоены обучающимся съ надлежащею ясностью и прочностью. Уже послѣ этого можно приступить къ изученію болѣе обширныхъ сочиненій, не рискуя запутаться въ частностяхъ и во всякомъ случаѣ не затратить слишкомъ большого количества времени.

Къ числу такихъ книжекъ принадлежитъ курсъ „Проективной геометріи" нѣмецкаго профессора Делемана.

Предлагая переводъ его русскимъ учащимся, я смѣю надѣяться, что они найдутъ себѣ въ немъ много полезнаго, даже изучая предметъ главнымъ образомъ по другимъ руководствамъ.

Считаю, кромѣ того, своимъ долгомъ замѣтить, что принятая мною терминологія заимствована изъ лекцій извѣстнаго проф. К. А. Андреева, слушателемъ котораго я имѣлъ честь состоять.

М. Лагутинскій.

Руководившіе изложеніемъ принципы.

1. Принципіально-выдержанное изложеніе имѣетъ значеніе только для совершенствующаго свои знанія. Начинающему полезнѣе познакомиться съ различными сторонами излагаемаго матеріала въ возможно простой формѣ. Вотъ почему въ основаніе этой „проективной геометріи“ не положенъ въ чистомъ видѣ методъ геометріи положенія, а введено также понятіе объ ангармоническомъ отношеніи. При этомъ значительная часть доказательствъ выигрываетъ въ простотѣ по сравненію съ чистыми методами построенія.

2. Тѣмъ не менѣе главное вниманіе обращено на наглядность построенія, на послѣдовательность его воспроизведенія какъ въ теоретическихъ вопросахъ, такъ и въ задачахъ.

3. Геометрія въ пространствѣ преднамѣренно не отдѣлялась отъ плоской. Только въ такомъ случаѣ новѣйшая геометрія разовьетъ въ изучающемъ способность отчетливо представлять себѣ геометрическія концепціи. Такая способность необходима уже для плоской геометріи, напр., чтобы прослѣдить непрерывное перемѣщеніе прямыхъ, точекъ и т. п.

4. По поводу нѣкоторыхъ понятій и доказательствъ (напр. при вопросѣ о порядкѣ и классѣ кривой) намъ пришлось прибѣгнуть къ ссылкамъ на аналитическую геометрію. Точно такъ же только анализомъ можно доказать, что новыя формы, образованныя при помощи проективно-соотвѣтственныхъ основныхъ формъ,—самыя общія формы подобнаго рода.

5. Въ намѣченныхъ предѣлахъ книжки оказалось возможнымъ изложить только самыя важныя свойства и, конечно, главнымъ образомъ проективныя. Метрическія же соотношенія въ коническихъ сѣченіяхъ, циклическія точки, свойства фокусовъ и т. п.—и безъ того по изложенію относятся скорѣе къ области аналитической геометріи.

ГЛАВА I.

Перспективное соотношеніе основныхъ геометрическихъ формъ.

§ 1. Основныя формы.

1. Проективная (новая, синтетическая) геометрія послѣ нѣкоторыхъ попытокъ въ предшествующую эпоху была приведена въ стройную систему въ первой половинѣ 19-го столѣтія. Это было выполнено во Франціи трудами Понселе и Шаля, въ Германіи Мöбіуса и Плюкера и въ особенности Штейнера и Штаудта.

Новая геометрія отличается отъ геометріи древнихъ главнымъ образомъ тѣмъ, что она, отправляясь отъ опредѣленныхъ основныхъ формъ, выводитъ всѣ остальныя геометрическія формы систематически и съ указаніемъ взаимной связи.

Основныя формы одного измѣренія.

2. Элементами геометріи служатъ точка, плоскость и прямая. Изъ этихъ трехъ элементовъ составляются слѣдующимъ образомъ основныя формы. Вообразимъ прямую g, неограниченно простирающуюся въ обѣ стороны. Она содержитъ безчисленное множество точекъ, которыя мы можемъ представить себѣ нанизанными на нее, подобно бусамъ на прямо-натянутомъ шнурѣ. Прямую, рассматриваемую какъ совокупность всѣхъ ея точекъ, мы будемъ называть прямолинейнымъ рядомъ точекъ или просто рядомъ точекъ. При этомъ сама прямая будетъ основаніемъ этого ряда. Такимъ образомъ, производящимъ элементомъ ряда точекъ будетъ точка.

Черезъ прямую можно провести также безконечное число плоскостей, подобно листамъ раскрытой книги. Совокупность всѣхъ плоскостей, которыя проходятъ черезъ одну и ту же прямую, назовемъ пучкомъ плоскостей. Сама же прямая будетъ основаніемъ или осью пучка плоскостей. Производящій элементъ въ данномъ случаѣ плоскость.

Возьмемъ, наконецъ, плоскость ε и на ней точку S. Въ этой плоскости черезъ выбранную точку S мы можемъ провести безконечное множество прямыхъ, которыя пройдутъ черезъ нее во всѣ стороны подобно спицамъ колеса. Совокупность всѣхъ такихъ прямыхъ называютъ пучкомъ прямыхъ, а точку S его центромъ. Производящій элементъ въ данномъ случаѣ прямая.

Рядъ точекъ, пучекъ плоскостей и пучекъ прямыхъ называютъ основными формами одного измѣренія или простыми основными формами.

Основныя формы двухъ измѣреній.

3. Черезъ точку S въ пространствѣ можно провести безчисленное множество прямыхъ и плоскостей. Элементами въ этомъ случаѣ у насъ будутъ прямая и плоскость. Совокупность всѣхъ этихъ элементовъ, проходящихъ черезъ точку S пространства, называютъ вообще связкой, а точнѣе—связкой прямыхъ или связкой плоскостей, смотря по тому, что̀ мы выбираемъ за производящій элементъ — прямую или плоскость. Точка S называется центромъ связки. Плоскость, проходящая черезъ связку прямыхъ съ центромъ S, образуется прямыми пучка, который лежитъ въ этой плоскости и имѣетъ центромъ данную точку S. Въ связкѣ же плоскостей каждую прямую можно разсматривать какъ ось пучка плоскостей, принадлежащихъ данной связкѣ. Такимъ образомъ, связка вообще содержитъ безконечное множество пучковъ лучей и пучковъ плоскостей.

Возьмемъ ничѣмъ неограниченную плоскость ε со всѣми лежащими въ ней точками и прямыми. Совокупность всѣхъ этихъ элементовъ называется плоской системой.

Мы будемъ въ дальнѣйшемъ говорить о плоской системѣ точекъ или прямыхъ, смотря по тому, что̀ мы будемъ считать за производящій элементъ—точку или прямую. Въ плоской системѣ точекъ отдѣльныя прямыя разсматриваются какъ ряды точекъ, а въ плоской системѣ прямыхъ каждая отдѣльная точка разсматривается какъ центръ соотвѣтственнаго пучка прямыхъ. Плоская система содержитъ въ себѣ безконечное множество рядовъ точекъ и пучковъ прямыхъ.

Связка и плоская система вмѣстѣ образуютъ обѣ основныя формы двухъ измѣреній. Они содержатъ безконечное множество основныхъ формъ одного измѣренія.

Основныя формы трехъ измѣреній.

4. За основную форму трехъ измѣреній мы можемъ взять все безграничное пространство со всѣми заключающимися въ немъ точками, плоскостями и прямыми. Каждую точку этого пространства можно взять за центръ связки, каждую плоскость за основаніе плоской системы, каждую прямую за ось пучка плоскостей или за основаніе ряда точекъ.

Совокупность безчисленнаго количества элементовъ какого-нибудь ряда, расположенныхъ непрерывно по какому-либо геометрическому или аналитическому закону, называется геометрической формой.

Согласно этому основныя формы суть геометрическія формы точекъ, плоскостей и прямыхъ.

Для большей ясности изложенія мы будемъ въ послѣдующемъ придерживаться опредѣленнаго способа обозначенія геометрическихъ элементовъ. Точки мы будемъ обозначать постоянно большими латинскими буквами, какъ напримѣръ: A, B, P, S; прямыя—маленькими латинскими буквами—a, b, g; а плоскости маленькими греческими буквами, какъ напримѣръ: α, β, ε.

§ 2. Пересѣченіе и проектированіе. Законъ двойственности.

Операція пересѣченія.

5. Двѣ прямыя, лежащія въ одной плоскости, или прямая и плоскость, не проходящая черезъ нее, даютъ одну точку пересѣченія; наконецъ, двѣ плоскости пересѣкаются по одной прямой. Мы не получимъ новаго элемента пересѣченія только тогда, когда данные элементы параллельны между собой. Этотъ частный случай относительнаго расположенія элементовъ мы пока исключаемъ изъ нашего разсмотрѣнія.

Въ каждомъ изъ трехъ вышеупомянутыхъ случаевъ мы разыскиваемъ элементъ, общій двумъ даннымъ. Назовемъ такую операцію пересѣченіемъ и распространимъ ее на основныя формы.

Возьмемъ (черт. 1) пучекъ прямыхъ съ центромъ въ S и прямую g, лежащую въ плоскости пучка, но не проходящую черезъ его центръ, и пересѣчемъ всѣ прямыя пучка прямой g. Мы получимъ тогда на g рядъ точекъ, такъ какъ на каждую точку этой прямой мы можемъ смотрѣть какъ на точку пересѣченія g съ какой-нибудь прямой пучка. Мы выразимъ это, говоря, что прямая g пересѣкаетъ пучекъ S въ рядѣ точекъ.

Въ такомъ же смыслѣ слѣдуетъ понимать и слѣдующія предложенія: Прямая пересѣкаетъ пучекъ плоскостей въ рядѣ точекъ, если она не пересѣкаетъ оси этого пучка.

Плоскость въ пересѣченіи съ пучкомъ плоскостей даетъ плоскій пучекъ прямыхъ, если она не содержитъ въ себѣ оси пучка плоскостей. Плоскость, не проходящая черезъ центръ связки прямыхъ, даетъ въ пересѣченіи съ ней плоскую систему точекъ. Отсюда слѣдуетъ, что съ помощью операціи пересѣченія изъ основныхъ формъ мы получаемъ снова основныя же формы.

Операція проектированія.

6. Черезъ двѣ точки мы можемъ провести прямую, черезъ двѣ пересѣкающіяся прямыя—плоскость; точно такъ же черезъ точку и не проходящую черезъ нее прямую проходитъ одна плоскость.

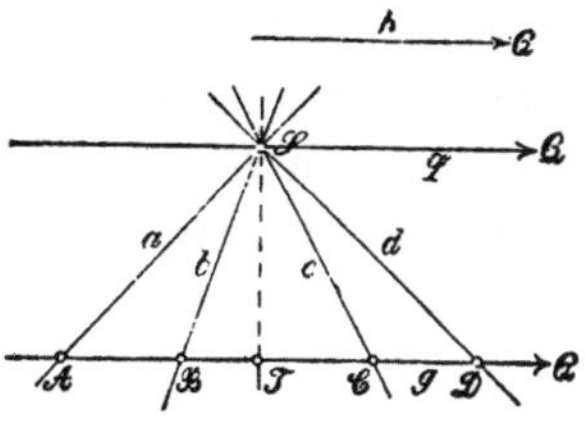

Черт. 1.

Эту операцію мы назовемъ проектированіемъ. Она отличается отъ операціи пересѣченія только родомъ данныхъ элементовъ. Въ обѣихъ операціяхъ дѣло идетъ только о томъ, что данные элементы разсматриваютъ какъ основанія или центры основныхъ формъ и опредѣляютъ элементъ, общій этимъ основнымъ формамъ.

Примѣнимъ операцію проектированія также и къ основнымъ формамъ. Предположимъ, что намъ данъ рядъ точекъ g и точка S внѣ его (черт. 1). Каждую точку ряда g мы можемъ соединить прямой съ точкой S и въ результатѣ этого получимъ пучекъ прямыхъ съ центромъ въ S. Объ этомъ пучкѣ мы говоримъ, что онъ проектируетъ изъ центра S рядъ точекъ.

Точно такъ же связка прямыхъ проектируетъ плоскую систему точекъ изъ точки, не принадлежащей этой системѣ.

Операція проектированія можетъ быть также произведена и при помощи прямой. Предположимъ, что мы имѣемъ какую-либо прямую s и рядъ точекъ g, при чемъ s и g не пересѣкаются; тогда черезъ каждую точку g и прямую s можно провести плоскость. Такимъ образомъ, рядъ точекъ g изъ прямой s проектируется пучкомъ плоскостей.

При операціи проектированія изъ основныхъ формъ получаются опять-таки только основныя формы. Такимъ образомъ, при пересѣченіи и проектированіи основныя формы переходятъ другъ въ друга.

Можно вести изложеніе геометріи, пользуясь только операціями проектированія и пересѣченія, избѣгая не только измѣренія, какъ отрѣзковъ, такъ и угловъ, но также и вычисленій съ этими величинами.

Проведенная въ этомъ смыслѣ система геометрическаго изслѣдованія называется геометріей положенія или проективной геометріей, а полученныя такимъ образомъ свойства геометрическихъ формъ — проективными.

Сообразный съ этимъ способъ изложенія этой геометріи будетъ синтетическимъ или конструктивнымъ, но новѣйшая математика даетъ средства и для аналитическаго обоснованія проективной геометріи. Противополагаютъ этому методу изслѣдованія такое изложеніе геометріи, называемой въ такомъ случаѣ метрической геометріей или геометріей измѣренія, которое кладетъ въ основу понятіе объ отрѣзкахъ и углѣ и соотношенія между этими величинами.

Въ дальнѣйшемъ мы не будемъ строго придерживаться одного метода, а будемъ употреблять смѣшанный методъ, болѣе полезный для начинающихъ. Условимся, кромѣ того, обозначать новый элементъ, полученный изъ двухъ данныхъ помощью операцій сѣченія или проектированія, пользуясь ихъ обозначеніями, заключая ихъ, гдѣ это необходимо для ясности, въ скобки. Такъ, прямую, соединяющую двѣ точки A и B, мы обозначимъ (AB) или просто AB, если будетъ исключена возможность принять это обозначеніе за обозначеніе отрѣзка AB. Двѣ пересѣкающіяся прямыя a и b опредѣляютъ плоскость (ab), плоскость α и прямая g опредѣляютъ точку пресѣченія (α, g) и т. д.

Законъ двойственности.

7. Вообразимъ двѣ плоскости ε_1 и ε_2, взятыя какъ-нибудь въ пространствѣ, и пусть въ первой намъ даны двѣ точки A и B, а во второй

двѣ прямыя a и b. Точки A и B мы можемъ соединить прямой (AB) и, съ другой стороны, опредѣлить точку (ab) пересѣченія прямыхъ a и b. Операціи проектированія, примѣненной къ точкамъ, противопоставляемъ операцію пересѣченія, выполненную для двухъ прямыхъ. Если въ первой плоскости на прямой g лежатъ три точки A, B, C, то мы можемъ разсматривать во второй плоскости соотвѣтственно три прямыя a, b, c, проходящія черезъ одну точку g. Если, далѣе, двѣ прямыя c и d въ плоскости ε_1 опредѣляютъ точку пересѣченія, то, соотвѣтственно этому, двѣ точки C и D въ плоскости ε_2 можно употребить для построенія соединяющей ихъ прямой.

Положимъ, что мы доказали какую-либо теорему геометріи положенія для плоскости ε_1. Слѣдовательно, въ плоскости ε_1 должна быть дана фигура, зависимость между элементами которой заключается только во взаимномъ совмѣщеніи разнородныхъ элементовъ[1]), и по этимъ даннымъ съ помощью повторнаго примѣненія операцій проектированія и пересѣченія выводится разсматриваемая теорема. Но тогда должно быть возможно построить въ плоскости ε_2 соотвѣтственную фигуру, въ которой точки и прямыя плоскости ε_1 замѣщены прямыми и точками въ плоскости ε_2 и шагъ за шагомъ переносить доказательство на полученную фигуру, замѣняя въ немъ операціи проектированія операціями пересѣченія и обратно, какъ было показано выше. Конечно, ни при построеніи фигуры, ни въ доказательствѣ первоначальной теоремы нельзя вообще пользоваться метрической величиной (угломъ или отрѣзкомъ), такъ какъ эти понятія не опредѣляются взаимно обѣими основными операціями и потому не могутъ быть взаимно замѣщены. Примѣръ пояснитъ это.

Предположимъ, что намъ удалось доказать слѣдующую теорему: На двухъ прямыхъ g и g_1 одной плоскости даны по три произвольныхъ точки A, B, C и A_1, B_1, C_1 (черт. 2). Проводимъ прямыя (AB_1), (A_1B), (BC_1), (B_1C), (CA_1), (C_1A). Прямыя (AB_1) и (A_1B) пересѣкутся въ точкѣ C_2 (BC_1) и (B_1C) въ точкѣ A_2, (CA_1) и (C_1A) въ точкѣ B_2. Тогда три точки A_2, B_2, C_2 лежатъ на одной прямой g_2.

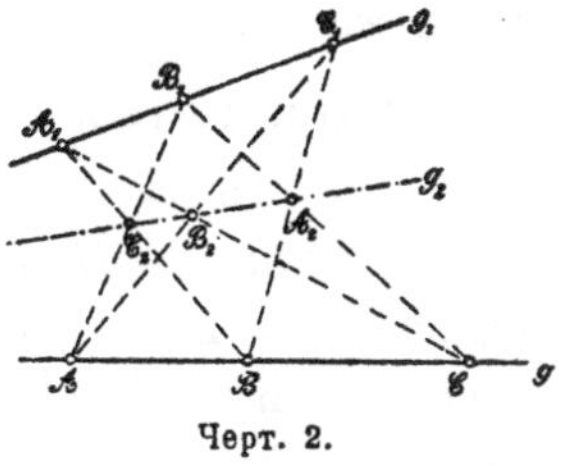

Черт. 2.

Чтобы получить соотвѣтствующую фигуру во второй плоскости ε_2, возьмемъ двѣ какія-угодно точки G и G_1 (черт. 3) и черезъ каждую изъ нихъ проведемъ по три прямыхъ a, b, c и a_1, b_1, c_1; точки пересѣченія мы обозначимъ

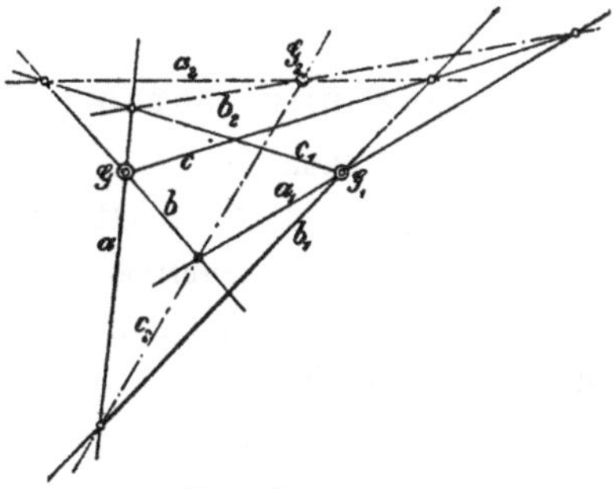

Черт. 3.

[1]) Напр., шесть точекъ, расположенныхъ по три на двухъ прямыхъ, или напр., четыре прямыя и шесть точекъ ихъ пересѣченія.

(ab_1), (a_1b), (bc_1), (bc_1), (b_1c), (ca_1), (a_1c). Предположимъ далѣе, что линія c_2 соединяетъ точки (ab_1) и (a_1b), a_2—точки (bc_1) и (b_1c), b_2—точки (ca_1) и (c_1a). Тогда три прямыхъ a_2, b_2, c_2 проходятъ черезъ одну точку G_2. Эта теорема, взаимная первой, можетъ считаться справедливой безъ новаго доказательства, разъ доказана первая. Взаимную связь, существующую между обѣими плоскостями, называютъ закономъ двойственности или взаимности (Ponselet 1822. Gergonne 1826).

Вмѣсто двухъ плоскостей мы можемъ разсматривать плоскость и связку. Вмѣсто каждой точки въ плоскости беремъ въ связкѣ прямую. Прямой, соединяющей въ плоскости двѣ точки, будетъ соотвѣтствовать въ связкѣ плоскость, проходящая черезъ двѣ прямыя, и т. п. Мы получимъ третье истолкованіе закона двойственности, сопоставивъ двѣ связки другъ съ другомъ, при чемъ прямымъ и плоскостямъ одной связки будутъ соотвѣтствовать плоскости и прямыя другой. Или, наконецъ, не ограничиваясь геометріей плоскости и связки, мы можемъ представить подобныя же соотношенія въ пространствѣ. Въ этомъ случаѣ точкамъ соотвѣтствуютъ плоскости, а операціи проектированія, результатомъ которой изъ двухъ точекъ получается соединяющая ихъ прямая, соотвѣтствуетъ операція пересѣченія двухъ плоскостей, дающая въ результатѣ прямую; слѣдовательно, при двойственности въ пространствѣ прямая переходитъ опять-таки въ прямую.

Для большей ясности мы представимъ всѣ эти соотношенія въ таблицѣ, при чемъ два понятія или двѣ теоремы, находящіяся во взаимномъ соотвѣтствіи, мы поставимъ въ правой и лѣвой сторонѣ на однѣхъ и тѣхъ же строкахъ.

a) Взаимныя соотношенія между двумя плоскостями.

Точка A.	Прямая a.
Двѣ точки A и B опредѣляютъ соединяющую ихъ прямую (AB).	Двѣ прямыя опредѣляютъ точку ихъ пересѣченія (ab).
Три точки A, B, C лежащія на одной прямой g.	Три прямыя a, b, c проходящія черезъ одну точку G.
Рядъ точекъ g.	Пучекъ прямыхъ G.

и т. д.

b) Взаимныя соотношенія между плоскостью и связкой.

Точка A.	Прямая a.
Двѣ точки A и B опредѣляютъ соединяющую ихъ прямую (AB).	Двѣ прямыя a и b опредѣляютъ содержащую ихъ плоскость (ab).
Три точки A, B, C, лежащія на одной прямой g.	Три прямыя a, b, c, лежащія въ одной плоскости γ.
Рядъ точекъ g.	Пучекъ прямыхъ γ.

и т. д.

c) Взаимныя соотношенія между двумя связками.

Прямая a.	Плоскость α.
Двѣ прямыя a и b опредѣляютъ проходящую черезъ нихъ плоскость (ab).	Двѣ плоскости α и β опредѣляютъ прямую ихъ пересѣченія $(\alpha\beta)$.
Три прямыя a, b, c, лежащія въ одной плоскости γ.	Три плоскости α, β, γ, проходящія черезъ одну прямую g.
Пучекъ прямыхъ λ.	Пучекъ плоскостей l.

и т. д.

d) Взаимныя соотношенія въ пространствѣ.

Точка A.	Плоскость α.
Двѣ точки A и B опредѣляютъ прямую (AB), ихъ соединяющую.	Двѣ плоскости α и β опредѣляютъ прямую $(\alpha\beta)$ ихъ пересѣченія.
Три точки A, B, C опредѣляютъ плоскость (ABC).	Три плоскости α, β, γ опредѣляютъ точку ихъ пересѣченія $(\alpha\beta\gamma)$.
Три точки A, B, C, лежащія на одной прямой g.	Три плоскости α, β, γ, проходящія черезъ одну прямую l.
Рядъ точекъ g.	Пучекъ плоскостей l.
Пучекъ прямыхъ L.	Пучокъ прямыхъ λ.
Связка плоскостей A.	Плоская система точекъ α.

и т. д.

Данное въ послѣдней строкѣ соотношеніе соотвѣтствуетъ вполнѣ выведенному непосредственно въ *b)*. Проектируя изъ двухъ центровъ двѣ плоскихъ системы, находящихся во взаимномъ соотношеніи *a)*, получимъ взаимныя связки, разсмотрѣнныя въ *c)*. Такимъ же образомъ можемъ вывести взаимныя соотношенія плоскости или связки самой съ собой.

Дальнѣйшіе примѣры.

8. Нѣкоторые дальнѣйшіе примѣры помогутъ выяснить сказанное. Положимъ, что въ одной и той же плоскости два треугольника A_1, B_1, C_1 и A_2, B_2, C_2 расположены такъ, что линіи (A_1A_2), (B_1B_2), (C_1C_2) проходятъ черезъ одну точку S (черт. 25) и предположимъ доказаннымъ, что стороны (A_1B_1) и (A_2B_2), затѣмъ (A_1C_1) и (A_2C_2), и наконецъ, (B_1C_1) и (B_2C_2) пересѣкаются въ трехъ точкахъ, лежащихъ на одной прямой. Воспользовавшись закономъ двойственности *a)* двухъ плоскостей, можемъ составить теорему, взаимную съ данной. Тогда мы должны исходить изъ двухъ группъ по три прямыхъ a_1, a_2, a_3 и b_1, b_2, b_3, т. е. изъ двухъ трехсторонниковъ, которые расположены такимъ образомъ, что три точки пересѣченія (a_1a_2), (b_1b_2) и (c_1c_2) лежатъ на одной прямой, и мы можемъ утверждать, что точки пересѣченія (a_1b_1) и (a_2b_2), (a_1c_1) и

(a_2c_2) и (b_1c_1) и (b_2c_2) при соединеніи даютъ три такихъ прямыхъ, которыя проходятъ черезъ одну точку. Въ этомъ случаѣ взаимная теорема совпадаетъ съ обратной. Пользуясь закономъ двойственности, выведеннымъ въ *b)*, изъ первоначальной теоремы мы могли бы вывести новую теорему о двухъ трехгранныхъ углахъ, принадлежащихъ одной связкѣ.

Въ послѣдующемъ мы часто будемъ имѣть случай примѣнять главнымъ образомъ законъ двойственности для плоскости. Если, напримѣръ, закончено проективное изученіе двухъ рядовъ точекъ, находящихся въ одной плоскости, то мы можемъ его распространить непосредственно на два пучка прямыхъ той же плоскости. Взаимныя соотношенія между двумя связками мы получимъ, напримѣръ, если каждой плоскости одной связки заставимъ соотвѣтствовать въ другой перпендикулярную ей прямую. Тогда каждой плоскости второй связки будетъ соотвѣтствовать перпендикулярная къ ней прямая первой связки. (Полярное соотвѣтствіе на шарѣ, полярный трехгранникъ).

Чтобы дать примѣръ двойственности въ пространствѣ, замѣтимъ, что каждому многограннику (многоугольнику), имѣющему e угловъ, f граней, k реберъ, соотвѣтствуетъ взаимный съ нимъ другой, имѣющій

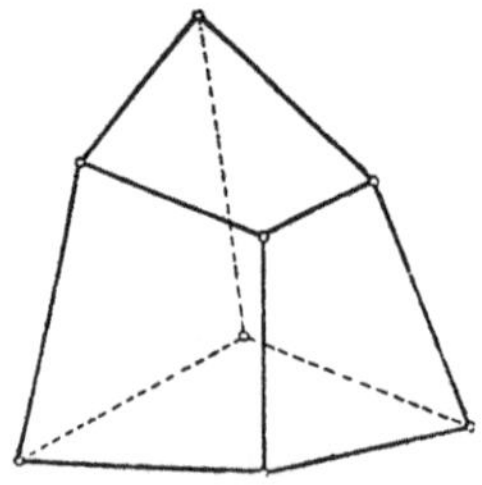

Черт. 4.

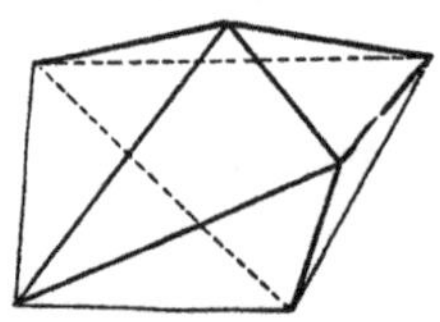

Черт. 5.

e граней, f угловъ и опять-таки k реберъ. Такъ, напримѣръ, ограниченному 6 четырехугольниками гексаэдру (черт. 4), соотвѣтствуетъ вообще октаэдръ (черт. 5), ограниченный 8 треугольниками.

§ 3. Формально существующіе элементы.

Безконечно удаленная точка прямой.

9. Мы не могли выполнить разсмотрѣнный въ 5-мъ процессъ пересѣченія, когда данные элементы были параллельны, когда, напримѣръ, даны двѣ параллельныхъ прямыхъ. Мы посмотримъ теперь, какъ можно распространить вышеупомянутый процессъ—по крайней мѣрѣ, формально—и на этотъ случай.

Пересѣчемъ (черт. 1) пучекъ прямыхъ S прямой, лежащей въ плоскости пучка, но не принадлежащей ему. Пусть отдѣльныя прямыя пучка пересѣкутся прямой g въ точкахъ $A, B, C, D\ldots$ Но на основаніи извѣстныхъ предварительныхъ положеній Эвклидовой геометріи можно провести черезъ точку S одну, и только одну, прямую, параллельную прямой g. Сдѣлавъ такое предположеніе, замѣтимъ непосредственно, что мы не въ состояніи доказать его путемъ математическихъ умозаключеній, что, слѣдовательно, предпочтительнѣй предпослать его, какъ одну изъ лежащихъ въ основаніи аксіомъ. Если мы вмѣсто этой возьмемъ въ основу иначе выраженную аксіому, то получимъ другую, но точно такъ же логически стройную систему геометріи. На основаніи этого каждая изъ безконечно большого числа прямыхъ пучка S пересѣкаетъ прямую g въ какой-либо одной точкѣ, и только параллельная прямая q не даетъ точки пересѣченія съ g. Ради упрощенія формулировки общихъ предложеній полезно исключить этотъ случай параллельныхъ прямыхъ, по крайней мѣрѣ, въ способѣ выраженія. Мы достигнемъ этого, выразившись такимъ образомъ: прямая q, параллельная прямой g, пересѣкаетъ ее въ одной безконечно удаленной точкѣ Q. Такимъ образомъ, къ дѣйствительнымъ, лежащимъ на конечномъ разстояніи точкамъ прямой g мы присоединяемъ еще точку воображаемую, формально существующую; мы приблизимся къ представленію такой точки, если станемъ продолжать прямую въ ту или другую сторону до безконечности.

Можно также вообразить прямую, вращающуюся около точки S, и разсматривать ея пересѣченія съ прямой g въ положеніи сколь-угодно близкомъ къ тому, въ которомъ она станетъ ей параллельной.

Мы будемъ эту формально существующую (дополнительную) безконечно удаленную точку прямой обозначать буквой Q, и стрѣлка при ней будетъ показывать, что она лежитъ на прямой g въ безконечности.

Если въ плоскости пучка S мы проведемъ другую прямую h, параллельную g, то и объ этой параллельной прямой h мы можемъ сказать, что она проходитъ черезъ ту же самую безконечно удаленную точку Q. Слѣдовательно, безконечно удаленная точка равнозначаща съ опредѣленнымъ направленіемъ. Согласно съ такимъ пониманіемъ совокупность безконечно большого числа параллельныхъ прямыхъ, лежащихъ въ одной плоскости, можно разсматривать какъ пучекъ прямыхъ, центръ котораго— общая всѣмъ параллельнымъ между собой прямымъ безконечно удаленная точка. Такой пучекъ прямыхъ называется также пучкомъ параллельныхъ прямыхъ.

Такимъ же образомъ всѣ прямыя въ пространствѣ, которыя параллельны какой-либо прямой g и, слѣдовательно, имѣютъ всѣ одно направленіе, образуютъ связку параллельныхъ прямыхъ.

Безконечно удаленная прямая плоскости.

10. Если предположимъ, что намъ дана плоскость, то во всякомъ направленіи на ней лежатъ безконечно удаленныя точки. Всѣ эти фор-

мально существующія точки образуютъ опредѣленную геометрическую форму, и каждая прямая g плоскости имѣетъ съ ней одну общую точку, а именно: безконечно удаленную точку этой прямой g.

Слѣдовательно, если мы скажемъ: безконечно удаленныя точки данной плоскости лежатъ на безконечно удаленной прямой, то безконечно удаленная точка прямой g получится, какъ точка пересѣченія ея съ этой безконечно удаленной прямой. Конечно, безконечное нельзя связать ни съ какимъ реальнымъ представленіемъ, но если мы прибавимъ къ прямымъ плоскости эту воображаемую прямую, то при такомъ предположеніи можно формально оперировать съ безконечнымъ, какъ съ конечнымъ, установивъ предварительно, что это въ дальнѣйшемъ изложеніи не поведетъ ни къ какому противорѣчію.

Такимъ образомъ, плоскость содержитъ одну безконечно удаленную прямую. Эту послѣднюю можно считать вполнѣ опредѣленною, какъ только дана плоскость. Всѣ точки этой безконечно удаленной прямой лежатъ въ безконечности и, стало-быть, онѣ воображаемыя. Безконечно удаленная прямая не имѣетъ опредѣленнаго направленія. Какія-либо двѣ параллельныхъ прямыхъ этой плоскости пересѣкаются на безконечно удаленной прямой плоскости.

Теперь мы можемъ сказать вообще: двѣ прямыхъ въ плоскости даютъ въ пересѣченіи опредѣленную точку.

Безконечно удаленная плоскость пространства.

11. Чтобы распространить подобныя соображенія и на пространство, станемъ отправляться отъ связки плоскостей съ центромъ въ S и возьмемъ, кромѣ того, не принадлежащую ей плоскость ε. Каждая плоскость связки, пересѣкаясь съ плоскостью ε, опредѣлитъ нѣкоторую прямую. Далѣе, по теоремамъ элементарной геометріи черезъ точку S проходитъ одна, и только одна, плоскость ξ, параллельная ε. Одна эта плоскость ξ не даетъ прямой пересѣченія съ ε. Чтобы не формулировать всѣхъ предложеній, которыя касаются пересѣченія двухъ плоскостей, особо для взаимно параллельныхъ между собою плоскостей, мы будемъ выражаться слѣдующимъ образомъ: плоскость ξ, параллельная ε пересѣкается съ ней по формально существующей, безконечно удаленной прямой. Такое представленіе согласуется вполнѣ съ тѣмъ, что̀ изложено въ 10. Далѣе, всѣ плоскости, параллельныя ε, проходятъ черезъ одну и ту же безконечно удаленную прямую. О параллельныхъ плоскостяхъ мы скажемъ, что онѣ имѣютъ одинаковое направленіе, т. е. безконечно удаленная прямая въ пространствѣ опредѣляется направленіемъ одной плоскости.

Всѣ плоскости, параллельныя данной, образуютъ пучекъ параллельныхъ плоскостей, ось котораго безконечно удаленная прямая, опредѣленная направленіемъ параллельныхъ плоскостей; слова: „плоскость параллельна прямой“—будутъ значить: плоскость проходитъ черезъ безконечно удаленную точку прямой.

Въ пространствѣ мы можемъ отыскать безчисленное множество безконечно удаленныхъ точекъ и прямыхъ. Каждая прямая имѣетъ одну безконечно удаленную точку, каждая плоскость, одну безконечно удаленную прямую. Затѣмъ мы не впадемъ въ противорѣчіе съ прежней формулировкой, если скажемъ: всѣ безконечно удаленныя точки и прямыя пространства заключаются въ безконечно удаленной плоскости пространства. Ясно, что она содержитъ только формально существующіе элементы и не имѣетъ опредѣленнаго направленія.

Такимъ образомъ, напримѣръ, теоремѣ: „двѣ точки опредѣляютъ прямую, ихъ соединяющую“,—мы можемъ дать вполнѣ общее значеніе: Если ни одна изъ двухъ данныхъ точекъ не находится въ безконечности, то прямая, ихъ соединяющая, опредѣляется ими вполнѣ; если же одна изъ нихъ безконечно удаленная, то прямая, ихъ соединяющая, обращается въ прямую, проходящую черезъ одну точку параллельно направленію, въ которомъ лежитъ другая данная—безконечно удаленная точка. Если же обѣ данныя точки безконечно удаленныя, то это значитъ, что даны двѣ прямыхъ, на которыхъ обѣ данныя точки лежатъ въ безконечности, и тогда прямая, ихъ соединяющая, есть опредѣленная безконечно удаленная прямая. Плоскость, параллельная обѣимъ даннымъ прямымъ, даетъ направленіе всѣхъ плоскостей, которыя проходятъ черезъ эту безконечно удаленную прямую.

§ 4. Перспективное соотвѣтствіе между основными формами.

Рядъ точекъ и пучекъ прямыхъ въ перспективномъ положеніи.

12. Если мы пересѣчемъ, какъ это дѣлали въ 9, пучекъ прямыхъ S прямой g (черт. 1), то каждой точкѣ g соотвѣтствуетъ прямая пучка, именно, проходящая черезъ нее. Если мы присоединимъ къ этимъ точкамъ и безконечно удаленную точку Q прямой g и будемъ разсматривать ее какъ обыкновенную точку, то ей будетъ соотвѣтствовать прямая q пучка. Установленное такимъ образомъ соотвѣтствіе между точками ряда точекъ и прямыми пучка не будетъ уже допускать никакого исключенія. Такъ какъ каждому элементу одной формы соотвѣтствуетъ одинъ, и только одинъ, элементъ другой, то мы скажемъ, что обѣ формы—рядъ точекъ и пучекъ прямыхъ—связаны другъ съ другомъ однозначнымъ соотвѣтствіемъ. Въ немъ каждые два соотвѣтственные элемента находятся въ совмѣщеніи.

Мы называемъ это соотвѣтствіе между рядомъ точекъ и пучкомъ прямыхъ перспективнымъ. Это иное выраженіе для того обстоятельства, что рядъ точекъ полученъ пересѣченіемъ пучка прямыхъ. Точно такъ же рядъ точекъ, по которому прямая пересѣкаетъ пучекъ плоскостей, пучекъ прямыхъ, по которому плоскость встрѣчаетъ пучекъ плоскостей, называются перспективными съ пучкомъ плоскостей. Знакъ для обозначенія перспективы такой $\overline{\overline{\wedge}}$.

Точно такъ же плоская система точекъ, которая получается изъ связки прямыхъ пересѣченіемъ ея съ плоскостью, будетъ перспективной съ этой связкой.

Перспективные ряды точекъ.

13. Чтобы теперь связать однородныя основныя формы однозначнымъ соотвѣтствіемъ другъ съ другомъ, мы пересѣчемъ пучекъ прямыхъ S двумя прямыми g и g_1, находящимися въ его же плоскости, но не принадлежащими къ прямымъ пучка (черт. 6). Какая-либо прямая a пучка встрѣчаетъ g въ A, g_1 въ A_1, прямая b даетъ точки пересѣченія B и B_1 и т. д. Каждой точкѣ этого ряда точекъ, напримѣръ A, соотвѣтствуетъ одна, и только одна точка A_1 другого ряда точекъ, и это остается справедливымъ и для безконечно удаленныхъ точекъ Q и R_1 прямыхъ g и g_1. Тогда этимъ точкамъ соотвѣтствуютъ точки Q_1 и R, въ которыхъ прямыя q и r, проведенныя черезъ S параллельно g и g_1, пересѣкаютъ эти послѣднія.

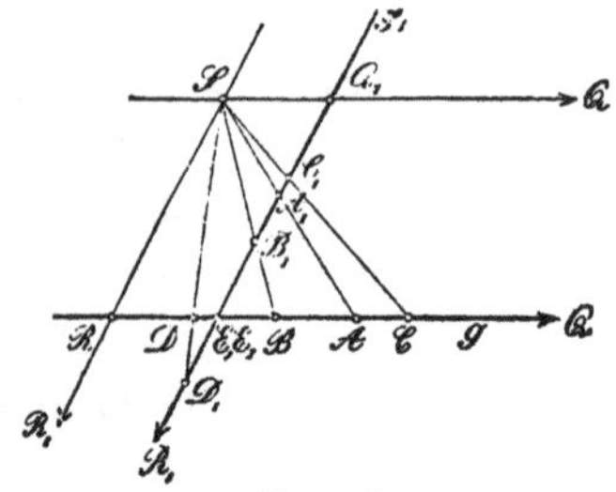

Черт. 6.

Этимъ устанавливается однозначное соотвѣтствіе между рядами точекъ g и g_1. Каждыя двѣ соотвѣтственныя точки лежатъ на той же самой прямой пучка S или опредѣляютъ эту прямую. Должно, кромѣ того, замѣтить, что въ точкѣ пересѣченія g и g_1 соотвѣтствующія точки E и E_1 обоихъ рядовъ точекъ совпадаютъ. Два ряда точекъ g и g_1, которыя получаются пересѣченіемъ одного и того же пучка, условимся называть перспективными.

Точно такимъ же образомъ связка прямыхъ пересѣкается двумя любыми плоскостями по двумъ перспективнымъ системамъ точекъ.

Перспективные пучки прямыхъ.

14. Начертимъ теперь фигуру, которая соотвѣтствовала бы фигурѣ 6 по закону двойственности плоскости (7а). Мы проектируемъ тогда рядъ точекъ g изъ двухъ точекъ S и S_1, при чемъ g, S и S_1 должны принадлежать одной плоскости (черт. 7). Каждой прямой, напр. a, пучка S мы заставляемъ соотвѣтствовать ту прямую a_1 пучка S_1, которая проходитъ

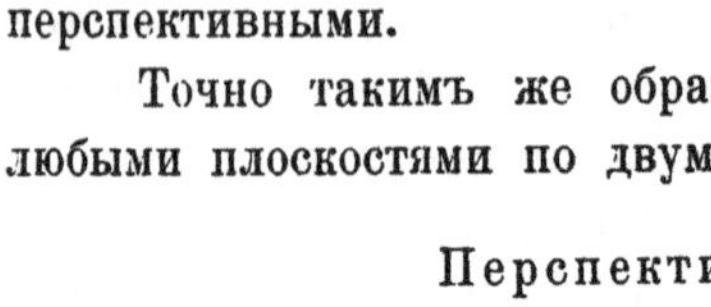

Черт. 7.

черезъ ту же точку A ряда g, что и a. Проведенныя черезъ точки S и S_1 параллели прямой g_1, которыя мы обозначимъ черезъ q и q_1, надо разсматривать, какъ соотвѣтственныя прямыя, такъ какъ онѣ обѣ проектируютъ одну и ту же безконечно удаленную точку Q прямой g. Вслѣдствіе этого однозначное соотвѣтствіе между двумя пучками S и S_1 не будетъ имѣть исключительнаго случая. Въ прямой SS_1, принадлежащей обѣимъ пучкамъ, сливаются вмѣстѣ соотвѣтственныя прямыя l и l_1 обоихъ пучковъ. Два такихъ пучка, которые проектируютъ одинъ и тотъ же рядъ точекъ, мы опять также называемъ перспективными.

Точно также оба пучка прямыхъ, по которымъ пучекъ плоскостей пересѣкается двумя любыми плоскостями, расположены по отношенію другъ къ другу перспективно.

Если мы проектируемъ плоскую систему изъ двухъ центровъ, то соотвѣтственныя связки будутъ также перспективны. Каждая пара соотвѣтственныхъ прямыхъ обоихъ связокъ проходитъ черезъ одну и ту же точку, а пара соотвѣтственныхъ плоскостей проходитъ черезъ одну и ту же прямую этой плоской системы.

Теперь мы можемъ дать общее опредѣленіе перспективныхъ основныхъ формъ одного и двухъ измѣреній, однородныхъ и неоднородныхъ, слѣдующимъ образомъ:

Опредѣленіе: Двѣ основныхъ формы одного или двухъ измѣреній называются перспективными, если однозначное соотвѣтствіе между ихъ элементами таково, что каждый элементъ одной основной формы совмѣщенъ съ соотвѣтственнымъ элементомъ другой, или таково, что какіе-либо два соотвѣтственныхъ элемента обѣихъ основныхъ формъ совмѣщены съ однимъ и тѣмъ же элементомъ третьей основной формы.

§ 5. Метрическія соотношенія въ пучкѣ прямыхъ.

Получивъ опредѣленіе перспективныхъ основныхъ формъ исключительно на основаніи взаимнаго положенія элементовъ, изслѣдуемъ, какъ выразить зависимость между соотвѣтственными элементами такихъ формъ при помощи вычисленія. Но для этой цѣли прежде необходимо умѣть опредѣлить положенія отдѣльныхъ элементовъ основной формы одного измѣренія не только геометрически, какъ это дѣлалось до сихъ поръ, но и при помощи числовыхъ величинъ.

Мы начнемъ съ пучка прямыхъ, потому что онъ не содержитъ безконечно удаленныхъ элементовъ, и поэтому разсматриваемыя соотношенія будутъ болѣе наглядны.

Уголъ между двумя прямыми. Купюра.

16. Если a и b двѣ прямыхъ пучка (черт. 8), то мы можемъ подъ ab подразумѣвать уголъ, который прямая a образуетъ съ прямой b, и послѣдовательность буквъ будетъ показывать направленіе вращенія, которымъ образуется уголъ, именно отъ a къ b. Такимъ образомъ выраженіе ab имѣетъ двойственное значеніе, такъ какъ подъ нимъ можно подразумѣвать каждый изъ угловъ, обозначенныхъ на рисункѣ.

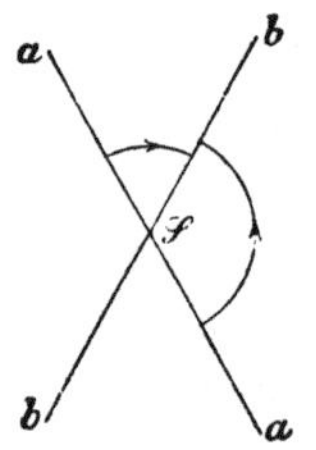

Черт. 8.

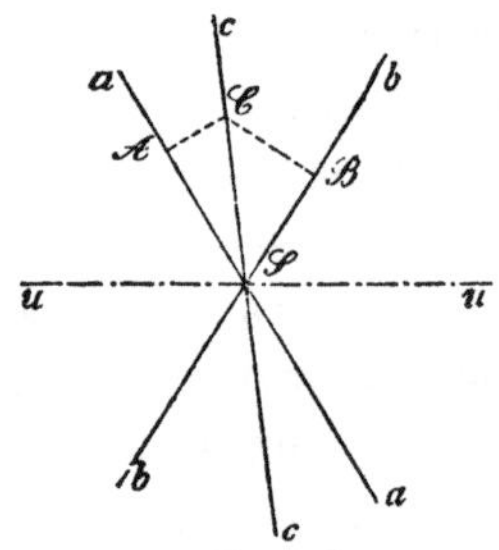

Черт. 9.

Если мы возьмемъ три прямыхъ a, b, c, то можемъ посредствомъ той изъ нихъ, которая намъ не нужна, опредѣлить направленіе вращенія, если условимся понимать подъ „abc" такое вращеніе, которое направлено прямо отъ a къ b, но не проходитъ черезъ c (черт. 9).

Чтобы сдѣлать теперь въ пучкѣ величину угла однозначной, мы выбираемъ неподвижную прямую u и подъ выраженіемъ ab понимаемъ уголъ, взятый въ смыслѣ abu. Вспомогательная прямая можетъ быть названа купюрой.

Такъ какъ вращенія ab и ba противоположны, то

$$ab+ba=0 \text{ или } ab=-ba.$$

Если c есть какая-либо другая прямая, то независимо отъ ея положенія имѣетъ мѣсто соотношеніе

$$ab+bc=ac$$

или

$$ab+bc+ca=0$$

и вообще для прямыхъ $a, b, c, \ldots m, n$

$$ab+bc+\ldots+mn+na=0.$$

Это положеніе можно выразить такъ, что купюра дѣлитъ пучекъ пополамъ и въ изслѣдованіяхъ ограничиваются одной его половиной [1]).

[1]) Можно притти къ тѣмъ же формуламъ и безъ помощи купюры, задавая, согласно пріему Möbius'а предварительно въ плоскости опредѣленное направленіе вращенія и считая углы, отложенные въ этомъ направленіи, положительными, а отложенные въ обратномъ—отрицательными.

Параметръ прямой.

17. Чтобы опредѣлить положеніе отдѣльныхъ прямыхъ пучка черезъ численныя величины, мы выбираемъ двѣ прямыхъ a и b за координатныя и кромѣ того беремъ купюру u (черт. 9). Какая-либо другая прямая пучка образуетъ съ неподвижными прямыми a и b углы ac и bc (оба меньше 180°). Если C есть точка прямой c и CA и CB перпендикуляры изъ C, опущенные на a и b, то частное

$$\lambda = \frac{AC}{BC} = \frac{\sin ac}{\sin bc}$$

будетъ имѣть для всѣхъ точекъ прямой одно и то же значеніе. Мы беремъ эту дробь, образованную изъ положительныхъ чиселъ, со знакомъ $+$, когда вращенія ac и bc направлены въ одну сторону, и знакъ —, когда эти вращенія противоположны, тогда каждой прямой пучка соотвѣтствуетъ единственное значеніе λ. Для координатныхъ прямыхъ a и b значенія параметровъ будутъ опредѣляться равенствами $\lambda = 0$ и $\lambda = \infty$, а два бисектора угла, образованнаго координатными прямыми, опредѣлятъ значенія $\lambda = +1$ и $\lambda = -1$. λ переходитъ отъ положительныхъ значеній къ отрицательнымъ два раза, черезъ 0 и ∞.

Обратно, по данному значенію λ и его знаку можно построить одну и только одну прямую, принадлежащую пучку. Обозначая искомую прямую буквой p, получимъ

$$\frac{\sin ap}{\sin bp} = \lambda_0.$$

Откуда, полагая $bp = ba + ap$, выводимъ помощью прямого вычисленія

$$\operatorname{tg} ap = \frac{\lambda_0 \sin ba}{1 - \lambda_0 \cos ba}.$$

Этимъ уголъ ap опредѣленъ. А на какой сторонѣ отъ a должна лежать прямая p, опредѣляется знакомъ λ_0, принимая во вниманіе принятое распредѣленіе значеній λ въ пучкѣ.

Задача 1. Найти построеніемъ и вычисленіемъ прямыя, которыя соотвѣтствуютъ значеніямъ $\lambda = +\frac{2}{3}$ и $-\frac{2}{3}$.

§ 6. Метрическія соотношенія въ рядѣ точекъ.

Разстояніе между двумя точками.

18. Совокупность точекъ, принадлежащихъ прямой g, добавленіемъ безконечно удаленной точки U послѣдней, пріобрѣтаетъ взаимную связь, такъ какъ при этомъ прямая обращается какъ бы въ замкнутую линію.

Тогда какія-либо двѣ точки A и B прямой опредѣляютъ два соотвѣтствующихъ имъ отрѣзка, изъ которыхъ одинъ, представляя путь отъ A къ B, конеченъ, между тѣмъ какъ другой, результатъ движенія точки отъ A къ B черезъ безконечно удаленную точку, безконеченъ.

Три точки A, B, C опредѣляютъ опять направленіе ABC, именно, то направленіе движенія, при которомъ мы отъ A переходимъ къ B, не проходя черезъ C.

Такъ какъ безконечно большія разстоянія неудобны для примѣненія, то подъ выраженіемъ AB мы будемъ понимать тотъ изъ двухъ вышеупомянутыхъ отрѣзковъ, который имѣетъ конечную величину. Но это вполнѣ согласуется съ тѣмъ, что мы принимаемъ безконечно удаленную точку U за купюру ряда точекъ, подобно купюрѣ въ пучкѣ прямыхъ. Слѣдовательно, подъ AB понимается отрѣзокъ, взятый въ направленіи ABU.

Тогда, очевидно, имѣютъ мѣсто соотношенія

$$AB+BA=0 \text{ или } AB=-BA,$$

и для трехъ точекъ получится, какъ бы онѣ ни были расположены,

$$AB+BC=AC$$

или

$$AB+BC+CA=0$$

и вообще для точекъ $A, B, C, \ldots M, N$

$$AB+BC+\ldots MN+NA=0.$$

Параметръ точки.

19. Чтобы быть въ состояніи опредѣлить отдѣльныя точки прямой съ помощью численныхъ значеній, мы выберемъ двѣ неподвижныя точки A и B за координатныя. Для любой точки C ряда точекъ отношеніе двухъ разстояній

$$\lambda=\frac{AC}{BC}$$

будетъ вполнѣ опредѣленнымъ.

Мы даемъ этой дроби, числитель и знаменатель которой содержатъ числовыя значенія AC и BC, знакъ $+$, когда AC и BC идутъ въ одномъ направленіи, и, слѣдовательно, C не лежитъ между A и B, и знакъ $-$, если AC и BC противоположны по направленію другъ другу, т. е. C лежитъ между A и B. Такимъ образомъ, каждой точкѣ соотвѣтствуетъ совершенно опредѣленный параметръ. Такъ, точкѣ A соотвѣтствуетъ значеніе $\lambda=0$ и точкѣ B значеніе $\lambda=\infty$.

И обратно, постоянно существуетъ только одна точка, для которой это частное имѣетъ данное, до знака включительно, значеніе $\lambda=\lambda_0$.

Если точка P есть искомая точка, то должно быть

$$\frac{AP}{BP}=\lambda_0$$

или, такъ какъ $BP=BA+AP$,

$$AP=\frac{\lambda_0}{1-\lambda_0}BA.$$

Если мы выберемъ, что проще всего, опредѣленное направленіе на прямой, напримѣръ, отъ A къ B, за положительное, то всѣ разстоянія, противоположныя по направленію этому, будутъ отрицательными. Поэтому разстояніе AP опредѣляется изъ послѣдняго уравненія вмѣстѣ съ его направленіемъ.

Значеніе $\lambda=1$ не соотвѣтствуетъ ни одной, дѣйствительно существующей, точкѣ на прямой. Соотвѣтствующая этому значенію точка будетъ безконечно удаленная. Отсюда видно, какимъ путемъ пришелъ анализъ къ необходимости введенія этого элемента.

Задача 2. Построить вычисленіемъ точку, соотвѣтствующую значеніямъ параметра $\lambda=-1, +\frac{1}{2}, -\frac{1}{2}$.

Нѣтъ надобности выводить спеціальныя формулы и для третьей основной формы одного измѣренія—пучка плоскостей. Мы можемъ просто пересѣчь пучекъ плоскостей плоскостью, перпендикулярной къ его оси, и, получивъ въ сѣченіи пучекъ прямыхъ, принять за параметры плоскостей пучка параметры прямыхъ, полученнаго въ сѣченіи пучка прямыхъ.

§ 7. Ангармоническое отношеніе.

Ангармоническое отношеніе четырехъ точекъ.

20. Если въ рядѣ точекъ g намъ дано, кромѣ основныхъ точекъ A и B, двѣ другія точки C и D, и мы опредѣлили по правиламъ, изложеннымъ въ 19, отношенія отрѣзковъ $\frac{AC}{BC}$ и $\frac{AD}{BD}$, то изъ нихъ мы можемъ образовать новое отношеніе

$$\frac{AC}{BC}:\frac{AD}{BD}.$$

Это выраженіе является характеристичнымъ для положенія четырехъ точекъ A, B, C, D.

Мы назовемъ его ангармоническимъ отношеніемъ четырехъ точекъ и обозначимъ черезъ $(ABCD)$.

Отсюда получается слѣдующее:

Опредѣленіе: Подъ ангармоническимъ отношеніемъ четырехъ точекъ прямой подразумѣвается выраженіе

$$(ABCD)=\frac{AC}{BC}:\frac{AD}{BD},$$

причемъ каждому изъ отдѣльныхъ отношеній приписывается знакъ согласно изложенному въ 19.

На первый взглядъ кажется, что эти четыре точки раздѣлены на двѣ различныхъ группы, играющихъ неодинаковую роль въ образованіи ангармоническаго отношенія, такъ какъ A и B приняты за координатныя точки, а C и D отнесены къ нимъ. Но мы сейчасъ докажемъ, что обѣ эти пары точекъ играютъ одну и ту же роль въ выраженіи ангармоническаго отношенія.

Дѣйствительно

$$(CDAB)=\frac{CA}{DA}:\frac{CB}{DB}=\frac{AC}{AD}:\frac{BC}{BD}=(ABCD).$$

Такимъ образомъ, роль обѣихъ паръ точекъ въ составленіи ангармоническаго отношенія взаимна.

Раздѣляющія другъ друга пары точекъ.

21. Существенно различаются слѣдующіе два случая взаимнаго расположенія двухъ паръ точекъ A, B съ одной стороны и C, D съ другой.

a) Обѣ пары точекъ A, B и C, D расположены такъ, что при переходѣ отъ A къ B по конечному или безконечному пути нужно переходить черезъ одну изъ точекъ C или D (черт. 10a). Тогда изъ точекъ C и D одна лежитъ на отрѣзкѣ AB, а другая внѣ его. Мы говоримъ

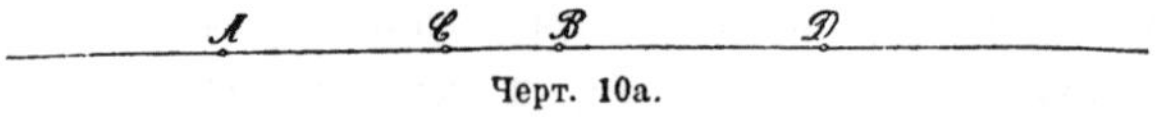

Черт. 10a.

въ этомъ случаѣ: обѣ пары точекъ взаимно раздѣляются. Поэтому одно изъ отдѣльныхъ отношеній въ выраженіи ангармоническаго отношенія $(ABCD)$ положительно, а другое отрицательно, а потому все отношеніе имѣетъ отрицательнее значеніе.

b) Если же можно отъ A перейти къ B (по одному или другому изъ двухъ направленій), не переходя черезъ C или D, то обѣ пары то-

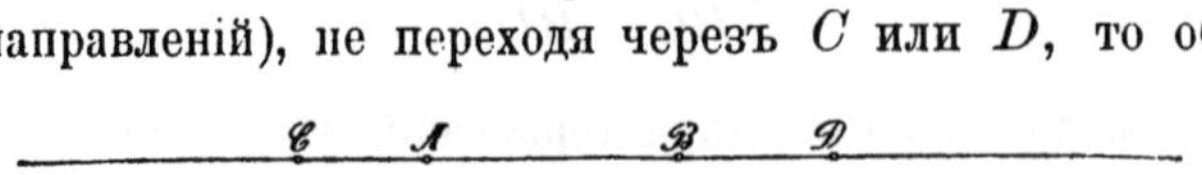

Черт. 10b.

чекъ не раздѣляютъ другъ друга (черт. 10b). Тогда точки C и D обѣ лежатъ или на отрѣзкѣ AB, или внѣ его. Отдѣльныя отношенія въ выраженіи $(ABCD)$ оба положительны или оба отрицательны, а само ангармоническое отношеніе принимаетъ въ этомъ случаѣ положительное значеніе.

Эти свойства обратимы.

Такимъ образомъ, можно сказать: необходимымъ и достаточнымъ признакомъ того, что обѣ пары точекъ AB и CD раздѣляютъ другъ друга, является отрицательный знакъ у ангармоническаго отношенія $(ABCD)$.

Ангармоническое отношеніе четырехъ прямыхъ.

22. Вполнѣ аналогичные выводы получаются и для пучка прямыхъ. Исходя изъ двухъ данныхъ прямыхъ a и b и купюры u, мы можемъ получить для двухъ другихъ прямыхъ c и d соотношенія

$$\frac{\sin ac}{\sin bc} \text{ и } \frac{\sin ad}{\sin bd},$$

знаки которыхъ опредѣляются согласно 17.

Раздѣлимъ первое частное на второе и назовемъ это выраженіе ангармоническимъ отношеніемъ четырехъ прямыхъ a, b, c, d и обозначимъ его черезъ $(abcd)$, такъ что

$$(abcd) = \frac{\sin ac}{\sin bc} : \frac{\sin ad}{\sin bd}.$$

Разница, которая какъ будто бы существуетъ между прямыми a, b и c, d, опять только кажущаяся. Дѣйствительно

$$(cdab) = \frac{\sin ca}{\sin da} : \frac{\sin cb}{\sin db} = \frac{\sin ac}{\sin ad} : \frac{\sin bc}{\sin bd} = (abcd).$$

При этомъ намъ, конечно, нужно взять предварительно купюру.

И для взаимнаго расположенія двухъ паръ прямыхъ a, b и c, d особо замѣчательны слѣдующіе случаи. Говорятъ: пары прямыхъ a, b и c, d раздѣляютъ другъ друга, если нельзя прямую a вращеніемъ привести въ совпаденіе съ прямой b, не переходя черезъ c или d (черт. 11a). Если же, наоборотъ, вращая прямую a въ ту или другую сторону, можно привести ее въ совпаденіе съ b, не переходя при этомъ ни черезъ c, ни черезъ d, то обѣ пары прямыхъ не раздѣляютъ другъ друга (черт. 11b).

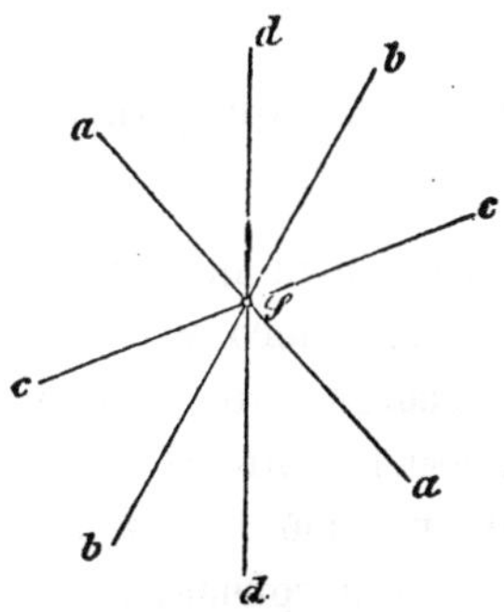

Черт. 11a.

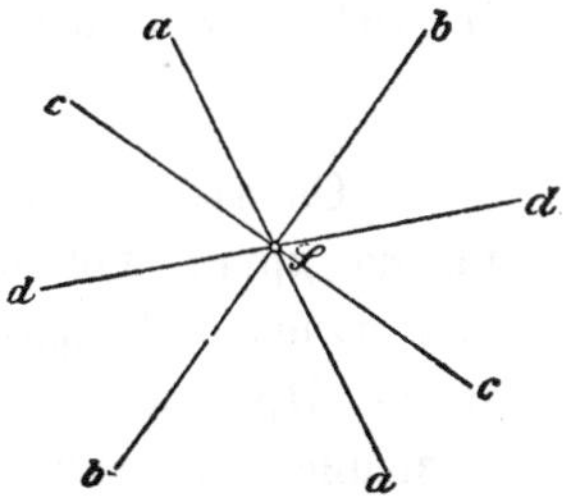

Черт. 11b.

Это свойство двухъ паръ прямыхъ раздѣлять или не раздѣлять другъ друга совершенно не зависитъ отъ выбранной купюры. Опредѣленное выше ангармоническое отношеніе $(abcd)$ четырехъ прямыхъ будетъ отрицательнымъ, если прямыя a, b и c, d раздѣляютъ другъ друга, и положительнымъ—въ противномъ случаѣ. Мы можемъ на основаніи этого опредѣлить знакъ всего ангармоническаго отношенія, но не каждаго изъ составляющихъ его отношеній.

Такимъ образомъ, мы можемъ отбросить купюру; хотя тогда всѣ углы, какъ, напримѣръ, ac, будутъ имѣть два значенія, но синусъ этихъ угловъ будетъ одинъ и тотъ же, такъ какъ они дополняютъ другъ друга до 180°; отдѣльныя частныя мы беремъ положительными, а знакъ опредѣляемъ для цѣлаго выраженія. Тогда мы получаемъ такое

Опредѣленіе: Подъ ангармоническимъ отношеніемъ $(abcd)$ четырехъ прямыхъ подразумѣвается выраженіе

$$(abcd) = \frac{\sin ac}{\sin bc} : \frac{\sin ad}{\sin bd},$$

которому даемъ отрицательный или положительный знакъ въ зависимости отъ того, раздѣляютъ ли пары прямыхъ a, b и c, d другъ друга или нѣтъ.

Такимъ образомъ, мы сдѣлали наши результаты независимыми отъ купюры, но безъ нея мы не можемъ установить по 16 соотношенія между углами.

Въ томъ же смыслѣ мы говоримъ объ ангармоническомъ отношеніи $(\alpha\beta\gamma\delta)$ четырехъ плоскостей $\alpha, \beta, \gamma, \delta$ пучка плоскостей, если положимъ

$$(\alpha, \beta, \gamma, \delta) = \frac{\sin \alpha\gamma}{\sin \beta\gamma} : \frac{\sin \alpha\delta}{\sin \beta\delta}.$$

При этомъ, напримѣръ, подъ $\alpha\gamma$ подразумѣвается уголъ, который образуетъ плоскость α съ плоскостью γ.

Неизмѣняемость ангармоническаго отношенія отъ операцій проектированія и пересѣченія.

23. Свяжемъ теперь вмѣстѣ изслѣдованія, проведенныя независимо другъ отъ друга, для ряда точекъ и пучка прямыхъ, для чего мы пересѣчемъ пучекъ S прямой g, находящейся въ плоскости этого пучка (черт. 1). Прямая a пучка пересѣкаетъ g въ A, прямая b въ B и т. д. Условившись разсматривать только половину каждой прямой пучка, раздѣленной центромъ S пополамъ, а именно ту, которая встрѣчаетъ прямую g, мы тѣмъ самымъ выберемъ параллельную прямую, проведенную черезъ S къ g, за купюру.

Если, затѣмъ, прямая t, проведенная черезъ S перпендикулярно къ g, пересѣкаетъ эту послѣднюю въ T, то отсюда слѣдуетъ:

(1) . . . . . . $2\Delta\, SAC = SA\,.\,SC \sin ac = ST\,.\,AC$

(2) . . . . . . $2\Delta\, SBC = SB\,.\,SC \sin bc = ST\,.\,BC$

(3) . . . . . . $2\Delta\, SAD = SA\,.\,SD \sin ad = ST\,.\,AD$

(4) . . . . . . $2\Delta\, SBD = SB\,.\,SD \sin bd = ST\,.\,BD$.

Всѣ отрѣзки изъ S, — SA, SB и т. д., — мы будемъ считать за положительныя числа.

Черезъ дѣленіе изъ (1) и (2) получается

(5) . . . . $\dfrac{SA \sin ac}{SB \sin bc} = \dfrac{AC}{BC}$.

Знакъ, выведенный въ 19 для частнаго отъ дѣленія отрѣзковъ, находящагося въ правой части равенства, вполнѣ согласуется со знакомъ частнаго отъ дѣленія синусовъ, находящагося въ лѣвой, выведеннаго въ 17, какъ это ясно и геометрически. Такимъ же образомъ, уравненія (3) и (4) даютъ

(6) . . . . $\dfrac{SA \sin ad}{SB \sin bd} = \dfrac{AD}{BD}$.

Изъ (5) и (6) черезъ дѣленіе получается

(7) . . . . $(abcd) = (ABCD)$

отсюда слѣдуетъ

Теорема 1. Ангармоническое отношеніе четырехъ прямыхъ пучка прямыхъ равно аналогично образованному отношенію четырехъ точекъ пересѣченія какой-либо прямой съ этими четырьмя прямыми [1]).

Если мы пересѣчемъ тотъ же пучекъ другой прямой g_1 (черт. 6), то отсюда слѣдуетъ, что $(A_1 B_1 C_1 D_1) = (abcd)$, а изъ сравненія съ (7) мы получаемъ

(8) . . . . $(ABCD) = (A_1 B_1 C_1 D_1)$

или

Теорему 2. Какія-либо четыре прямыхъ пучка пересѣкаются каждой прямой въ четырехъ точкахъ, имѣющихъ одно и то же ангармоническое отношеніе.

Эту теорему можно выразить и такъ. Если мы будемъ проектировать какія-либо четыре точки прямой изъ любого центра на другую прямую, то ихъ ангармоническое отношеніе остается неизмѣннымъ.

---

[1]) Паппусъ изъ Александріи (4-е столѣтіе послѣ Р. Х.). Собраніе математическихъ сочиненій.

Такимъ же образомъ изъ черт. 7 слѣдуетъ, что

$$(ABCD) = (abcd) = (a_1 b_1 c_1 d_1)$$

или

(9) . . . . $(abcd) = (a_1 b_1 c_1 d_1)$

или

Теорема 3. Какія-либо четыре точки прямой проектируются изъ каждой точки четырьмя прямыми, имѣющими одно и то же ангармоническое отношеніе.

Для пучка плоскостей мы получимъ аналогичныя теоремы. Если $\alpha, \beta, \gamma, \delta$ четыре плоскости пучка, то ангармоническое отношеніе ихъ, какъ это легко доказать, тождественно по численному значенію съ ангармоническимъ отношеніемъ четырехъ точекъ, въ которыхъ встрѣчаетъ какая-либо прямая эти четыре плоскости, или съ ангармоническимъ отношеніемъ четырехъ прямыхъ, по которымъ какая-либо плоскость пересѣкается съ ними.

Эту теорему и три предыдущихъ мы можемъ обобщить въ

Теорему 4. Въ двухъ перспективныхъ основныхъ формахъ одного измѣренія какіе-либо четыре элемента одной основной формы имѣютъ то же самое ангармоническое отношеніе, что и соотвѣтствующіе элементы другой.

Такимъ образомъ мы нашли для перспективныхъ основныхъ формъ одного измѣренія не только взаимное положеніе, но и метрическое соотношеніе, которое связываетъ другъ съ другомъ соотвѣтственные элементы такихъ формъ.

Наконецъ, мы можемъ операціи пересѣченія или проектированія производить нѣсколько разъ, не измѣняя этимъ величины ангармоническаго отношенія четырехъ элементовъ. Согласно съ этимъ мы получимъ окончательно обобщенную

Теорему 5. Если мы получимъ изъ четырехъ элементовъ основной формы одного измѣренія съ помощью многократнаго примѣненія проектированія и пересѣченія четыре новыхъ элемента другой основной формы, то ангармоническое отношеніе первыхъ четырехъ элементовъ по численому значенію то же самое, что и аналогично образованное ангармоническое отношеніе четырехъ вновь полученныхъ элементовъ. Такимъ образомъ ангармоническое отношеніе четырехъ элементовъ одного измѣренія по отношенію къ основнымъ геометрическимъ операціямъ представляетъ неизмѣнное число (инваріантъ).

ГЛАВА II.

Гармоническія группы.

§ 8. Дальнѣйшія свойства ангармоническаго отношенія.

Числовыя величины ангармоническихъ отношеній, которыя могутъ быть образованы изъ четырехъ элементовъ.

24. Будемъ продолжать всестороннее изслѣдованіе понятія объ ангармоническомъ отношеніи. По четыремъ даннымъ элементамъ однородной основной формы, напр., по 4-мъ точкамъ A, B, C, D, на одной прямой, можно составить ангармоническое отношеніе 24-мя различными способами, такъ какъ изъ четырехъ элементовъ можно составить 24 выраженія $(ABCD)$, $(ABDC)$ и т. д. Но не всѣ эти выраженія будутъ различны по своему численному значенію. Мы уже видѣли въ 20, что

$$(1) \quad . \; . \; . \; . \; . \; . \; . \; . \; . \; . \quad (ABCD)=(CDAB).$$

Затѣмъ точно такъ же

$$(BADC)=\frac{BD}{AD}:\frac{BC}{AC}=\frac{AC}{BC}:\frac{AD}{BD},$$

слѣдовательно

$$(2) \quad . \; . \; . \; . \; . \; . \; . \; . \; . \; . \quad (BADC)=(ABCD).$$

Пользуясь свойствами нашего символа, выраженными съ помощью равенствъ (1) и (2), можно, напр., изъ выраженія $(ABCD)$ вывести три новыхъ, имѣющихъ то же численное значеніе, а именно:

$$(ABCD)=(CDAB)=(BADC)=(DCBA).$$

Такимъ образомъ, вышеупомянутыя 24 выраженія даютъ не болѣе шести различныхъ численныхъ значеній. Положивъ $(ABCD)=\lambda$, мы можемъ выразить остальныя численныя значенія черезъ λ слѣдующимъ образомъ:

Легко видѣть, что

$$(3) \quad . \; . \; . \; . \; . \; . \; . \; . \quad (ABDC)=\frac{1}{(ABCD)}=\frac{1}{\lambda}.$$

Затѣмъ

$$(ACBD)=\frac{AB}{CB}:\frac{AD}{CD}=\frac{(AC+CB)\ (CA+AD)}{CB\,.\,AD}=$$

$$=1+\frac{AC\,.\,AD+CB\,.\,CA+AC\,.\,CA}{CB\,.\,AD}=1+\frac{AC\ (BC+CA+AD)}{CB\,.\,AD}=$$

$$=1-\lambda.$$

Значитъ

(4) . . . . . . $(ACBD)=1-(ABCD)=1-\lambda.$

Подобнымъ образомъ можно доказать, что

(5) . . . . . . $(ADCB)=\dfrac{(ABCD)}{(ABCD)-1}=\dfrac{\lambda}{\lambda-1}.$

Въ конечномъ результатѣ получатся слѣдующія шесть различныхъ значеній, каждое изъ которыхъ можетъ быть написано 4-мя различными способами:

$(ABCD)=\lambda$	$(ABDC)=\dfrac{1}{\lambda}$
$(ACBD)=1-\lambda$	$(ACDB)=\dfrac{1}{1-\lambda}$
$(ADCB)=\dfrac{\lambda}{\lambda-1}$	$(ADBC)=\dfrac{\lambda-1}{\lambda}.$

Ангармоническое отношеніе, какъ координата.

25. Оставляя три изъ четырехъ точекъ $ABCD$, напр., A, B и C, неподвижными, перемѣщаемъ четвертую точку D по прямой; для всякаго положенія D ангармоническое отношеніе $(ABCD)$ будетъ имѣть опредѣленное значеніе. Если D, въ частности, совпадетъ съ безконечно-удаленной точкой прямой, то, обозначивъ эту безконечно-удаленную точку черезъ $D\infty$, получимъ

$$(ABCD)=\frac{AC}{BC}:\frac{AD\infty}{BD\infty}=\frac{AC}{BC},$$

такъ какъ согласно 19 частное $\dfrac{AD\infty}{BD\infty}=1$. Для этой точки ангармоническое отношеніе приводится, такимъ образомъ, къ простому отношенію между отрѣзками. Но и обратно: каждому численному значенію ангармоническаго отношенія отвѣчаетъ одно и только одно положеніе четвертой точки, какъ это вытекаетъ изъ слѣдующей теоремы:

Теорема 6. Даны три точки A, B, C, на одной прямой и дано, кромѣ того, численное значеніе λ съ опредѣленнымъ знакомъ; среди точекъ этой прямой существуетъ одна и только одна точка D, которая образуетъ съ точками A, B и C ангармоническое отношеніе $(ABCD)=\lambda$.

Въ самомъ дѣлѣ, для этой искомой точки D, имѣетъ мѣсто равенство

$$(ABCD)=\lambda=\frac{AC}{BC}:\frac{AD}{BD},$$

значитъ

$$\frac{AD}{BD}=\frac{1}{\lambda}\cdot\frac{AC}{BC}.$$

Здѣсь $\frac{AC}{BC}$ должно имѣть опредѣленный знакъ (черт. 19), такъ что отношеніе $\frac{AD}{BD}$ дано по величинѣ и по знаку, и, слѣдовательно, точка D опредѣляется имъ вполнѣ.

Само собой разумѣется, что только-что доказанная теорема распространяется соотвѣтственнымъ образомъ и на пучки прямыхъ и плоскостей. Принимая три элемента основной формы одного измѣренія неизмѣнными, можемъ, слѣдовательно, опредѣлить положеніе четвертаго подвижного элемента посредствомъ численнаго значенія ангармоническаго отношенія, которое этотъ четвертый элементъ образуетъ съ тремя неподвижными. Ангармоническое отношеніе можетъ поэтому служить координатой, численными значеніями которой опредѣляются отдѣльные элементы.

Задача 3. Даны точки A, B, C ряда точекъ въ порядкѣ, указанномъ на черт. 12. Нужно изслѣдовать измѣненія числовой величины ангармоническаго отношенія $(ABCD)$, когда точка D пробѣгаетъ рядъ точекъ.

Черт. 12.

Простыя соображенія приведутъ къ слѣдующему сопоставленію:

D въ безконечности:	$(ABCD)=\frac{AC}{BC}$	. ... $+$
D переходитъ изъ безконечности до A:	„	. . . $+$
D совпадаетъ съ A:	„	. . . ∞
D переходитъ отъ A до B:	„	. . . $-$
D совпадаетъ съ B:	„	. . . 0
D переходитъ B до C:	„	. . . $+$
D совпадаетъ съ C:	„	. . . $+1$
D переходитъ отъ C до безконечности:	„	. . . $+$.

Подчеркнемъ еще, что $(ABCD)$ принимаетъ значеніе $+1$ только тогда, когда подвижная точка D совпадаетъ съ C. — Выполнить соотвѣтственное изслѣдованіе при другомъ взаимномъ расположеніи точекъ A, B, C.

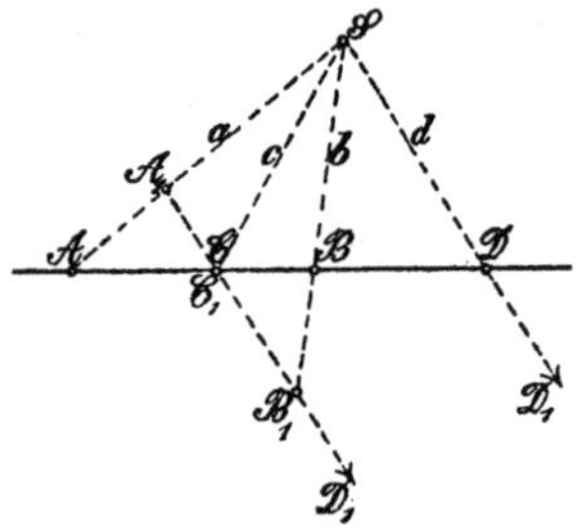

Черт. 13.

Задача 4. На прямой даны три точки A, B, C (черт. 13); требуется построить на этой прямой такую точку D, чтобы $(ABCD) = -\frac{2}{3}$.

Рѣшеніе. Проведемъ черезъ C какую-нибудь прямую и отложимъ на ней въ противоположномъ направленіи отрѣзки $CA_1 = 2$ и $CB_1 = 3$ (выборъ единицы длины при этомъ безразличенъ); соединимъ точку A съ A_1, точку B съ B_1, построимъ точку S пересѣченія прямыхъ AA_1 и BB_1 и проведемъ изъ S прямую, параллельную прямой A_1B_1. Эта прямая пересѣкаетъ данную въ искомой точкѣ D. Въ самомъ дѣлѣ, если точку C обозначимъ еще черезъ C_1, безконечно-удаленную точку прямой SD — черезъ D_1, прямыя, соединяющія S съ A, B, C, D_1, — соотвѣтственно черезъ a, b, c, d, то по 23 и 25 имѣемъ:

$$(abcd) = (ABCD) = (A_1B_1C_1D_1) = \frac{A_1C_1}{B_1C_1} = -\frac{2}{3}.$$

Построить также точку E, для которой $(ABCE) = +\frac{2}{3}$.

§ 9. Гармоническое дѣленіе.

Опредѣленіе гармоническихъ элементовъ.

26. Выбравъ три точки A, B, C прямой, мы по теоремѣ 6 можемъ найти на ней одну и только одну точку D, для которой $(ABCD) = -1$. Такія четыре точки обладаютъ особенно важными геометрическими свойствами. Мы установимъ для нихъ такое опредѣленіе:

Четыре точки A, B, C, D, лежащія на одной прямой, образуютъ гармоническую группу, когда ангармоническое отношеніе ихъ

$$(ABCD) = -1.$$

Роль точекъ A, B съ одной стороны и C, D съ другой взаимна, и на основаніи 21 мы непосредственно заключаемъ, что обѣ пары точекъ A, B и C, D раздѣляютъ другъ друга. Поэтому говоримъ также, что такія двѣ пары точекъ раздѣляютъ другъ друга гармонически.

Шесть различныхъ значеній ангармоническаго отношенія, которое по 24 можно составить изъ четырехъ элементовъ, приводятся для гармонической группы четырехъ точекъ, для которыхъ λ, слѣдовательно, $= -1$, къ слѣдующимъ тремъ значеніямъ: $-1, 2, \frac{1}{2}$.

Соотвѣтственно предыдущему четыре прямыхъ a, b, c, d пучка прямыхъ или четыре плоскости $\alpha, \beta, \gamma, \delta$ пучка плоскостей образуютъ гармоническія группы, если $(abcd) = -1$ или $(\alpha\beta\gamma\delta) = -1$.

Понятно, что и здѣсь обѣ пары выбранныхъ элементовъ раздѣляютъ другъ друга. Далѣе, изъ теоремы 5, § 23, слѣдуетъ, кромѣ того,

Теорема 7. Четыре элемента основной формы одного измѣренія, составляющіе гармоническую группу, послѣ ряда операцій сѣченія и проектированія переходятъ въ новую гармоническую группу четырехъ элементовъ.

Построеніе гармоническихъ элементовъ.

27. Если на прямой даны три точки A, B и C, то существуетъ, какъ мы уже знаемъ, только одна точка D, которая дѣлитъ гармонически съ C точки A и B, т. е., для которой

(1) . . . . $(ABCD) = -1.$

Отсюда слѣдуетъ, что

(2) . . . . $\frac{AC}{BC} = -\frac{AD}{BD}.$

Если мы не примемъ во вниманіе знаки у обоихъ отношеній, то можемъ, такимъ образомъ, сказать, что точки (C) и (D) раздѣляютъ разстояніе AB на пропорціональныя части. Это замѣчаніе приводитъ насъ къ слѣдующему построенію. Проведемъ (черт. 14) черезъ данныя точки A и B какія-либо двѣ параллельныя другъ къ другу прямыя AA' и BB', а черезъ точку C какую-нибудь прямую, пересѣкающую параллельныя линіи въ точкахъ X и Y'. Если мы отложимъ теперь, посредствомъ циркуля, отрѣзокъ $BY = Y'B$, то прямая, соединяющая точки X и Y, пересѣчетъ прямую g въ искомой точкѣ D. Въ самомъ дѣлѣ, положимъ, что отрѣзокъ AX заключаетъ въ себѣ m единицъ длины, а отрѣзокъ BY и равный ему отрѣзокъ $Y'B$ — n такихъ единицъ, гдѣ m и n — числа положительныя; тогда, принимая во вниманіе знаки, мы будемъ имѣть

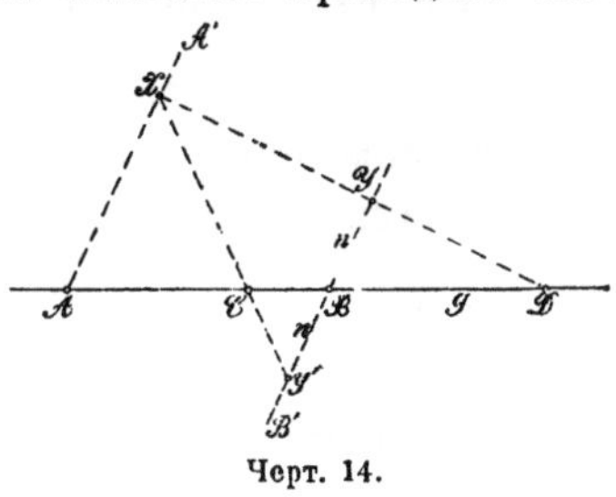

Черт. 14.

$$\frac{AC}{BC} = -\frac{m}{n} \text{ и } \frac{AD}{BD} = +\frac{m}{n}.$$

Такимъ образомъ, условіе (2), а слѣдовательно и условіе (1), выполняется на самомъ дѣлѣ.

Пусть (черт. 15) данныя точки расположены такъ, что C находится на серединѣ отрѣзка AB; тогда, очевидно, $m=n$, $XY \parallel g$, а потому точка D будетъ находиться въ безконечности. Отсюда слѣдуетъ

Теорема 8. Середина C отрѣзка AB и безконечно удаленная точка D прямой, на которой лежитъ этотъ отрѣзокъ, составляютъ вмѣстѣ съ точками A и B гармоническую группу.

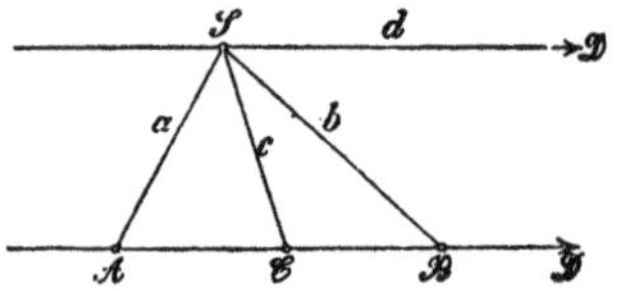

Черт. 15.

Проектируя эту гармоническую группу четырехъ точекъ изъ центра S, мы, по теоремѣ 4, получимъ гармоническую группу четырехъ прямыхъ a, b, c, d. Можно воспользоваться этими замѣчаніями для рѣшенія

Задачи 5. Даны три прямыхъ a, b, c, одного пучка; построить четвертую прямую, дѣлящую гармонически вмѣстѣ съ c пару прямыхъ a и b.

Слѣдующія соображенія приведутъ насъ къ простой теоремѣ о гармонической группѣ прямыхъ. Данъ треугольникъ ABC; раздѣлимъ пополамъ уголъ при A и уголъ, смежный съ нимъ, прямыми, которыя пересѣкаютъ сторону BC въ точкахъ D и E; тогда, по извѣстнымъ теоремамъ планиметріи, точки D и E дѣлятъ сторону BC на отрѣзки, пропорціональные прилежащимъ сторонамъ треугольника. Такимъ образомъ, точки B, C, D, E составляютъ гармоническую группу, т. е. $(BCDE)=$ $=-1$; значитъ, и прямыя, соединяющія эту точку съ A, составляютъ гармоническую группу, и мы приходимъ къ слѣдующей теоремѣ:

Теорема 9. Двѣ прямыя и два бисектора образуемыхъ ими угловъ составляютъ одну гармоническую группу. Послѣднія двѣ прямыя взаимно перпендикулярны между собой.

Задача 6. Доказать теорему, обратную этой.

§ 10. Полный четырехугольникъ и четырехсторонникъ.

Геометрическое опредѣленіе гармонической группы четырехъ точекъ.

28. Гармоническая группа четырехъ точекъ можетъ быть опредѣлена не только аналитически,—тѣмъ, что численное значеніе ея ангармоническаго отношенія равно -1,—но, какъ мы это сейчасъ увидимъ, и чисто геометрически, а именно, при помощи построенія.

Данныя въ плоскости четыре произвольныя точки E, F, G, H (черт. 16а или черт. 16b) опредѣляютъ 6 прямыхъ, соединяющихъ попарно эти 4 точки. Совокупность этихъ 6-ти прямыхъ мы назовемъ „полнымъ четырехугольникомъ точекъ E, F, G, H. Прямыя называются

„сторонами“, а точки E, F, G, H — „вершинами“ четырехугольника. Выбирая для каждой стороны четырехугольника, напр., для EF или l, другую, въ данномъ случаѣ GH или l', такую, что на двухъ такихъ сторонахъ лежатъ всѣ четыре вершины четырехугольника, мы получимъ три такихъ пары сторонъ: l, l', m, m' и n, n'; назовемъ такія двѣ стороны „противоположными сторонами“ четырехугольника. Наконецъ, каждая пара противоположныхъ сторонъ пересѣкается еще въ одной точкѣ, а именно: l и l' — въ точкѣ L, m и m' — въ точкѣ M, а n и n' — въ точкѣ N. Эти три точки L, M, N называются „діагональными точками“ четырехугольника.

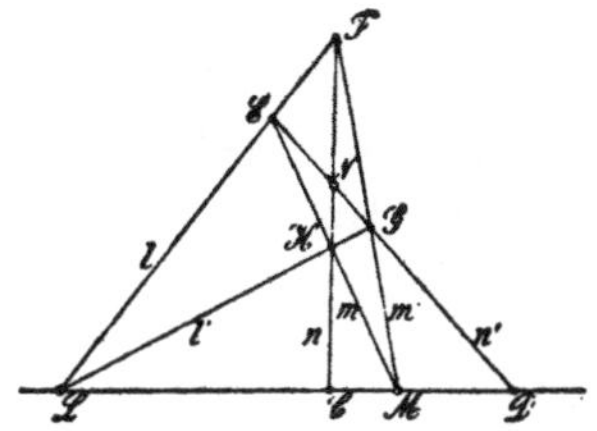

Черт. 16a.

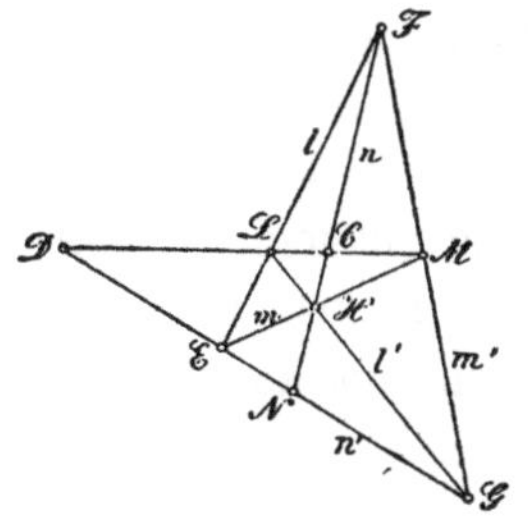

Черт. 16b.

Связь этой фигуры съ гармоническими группами точекъ устанавливается слѣдующей теоремой:

Теорема 10. Если 4 точки L, M, C, D, лежащія на одной прямой, имѣютъ то свойство, что черезъ точку L проходитъ одна пара противоположныхъ сторонъ полнаго четырехугольника, черезъ точку M — вторая пара, а черезъ точки C, D проходятъ стороны послѣдней пары противоположныхъ сторонъ, то эти четыре точки L, M, C, D составляютъ гармоническую группу.

Въ самомъ дѣлѣ, если N — третья діагональная точка полнаго четырехугольника, т. е. точка пересѣченія сторонъ EG и FH, то мы имѣемъ

(1) . . . . $(LMCD) = (EGND)$;

это равенство мы получимъ, проектируя изъ точки F на n' точки, стоящія въ лѣвой его части (теорема 2, стр. 23). Но если мы спроектируемъ изъ точки H на прямую LM точки, стоящія въ правой части равенства (1), то получимъ

(2) . . . . $(EGND) = (LMCD)$,

откуда слѣдуетъ, что

(3) . . . . $(LMCD) = (MLCD)$.

Но съ другой стороны вычисленіе показываетъ, что вообще,

$$(MLCD)=\frac{1}{(LMCD)},$$

слѣдовательно, въ (3)

$$(LMCD)^2=1.$$

Такимъ образомъ, ангармоническое отношеніе 4 точекъ L, M, C, D, можетъ имѣть только 2 значенія: $+1$ или -1. Но значеніе $+1$ надо отбросить, такъ какъ по 25, зад. 3, ангармоническое отношеніе пріобрѣтаетъ такое значеніе только тогда, когда совпадаютъ двѣ изъ 4 точекъ, имѣющихъ данное ангармоническое отношеніе. Это, однако, для нашей фигуры невозможно. Слѣдовательно,

$$(LMCD)=-1,$$

т. е. эти 4 точки составляютъ гармоническую группу.

Точки E, G, N, D также составляютъ гармоническую группу, и прямыя, проведенныя черезъ нихъ изъ F или H, также дѣлятъ другъ друга гармонически.

Воспользуемся этимъ свойствомъ полнаго четырехугольника, чтобы получить второе рѣшеніе

Задачи 7. Даны три точки A_1B_1C, лежащія на одной прямой; найти и на этой прямой четвертую точку, дѣлающую гармонически вмѣстѣ съ C пару A, B.

Проведемъ черезъ данную точку C произвольную прямую (чер. 17), выберемъ на ней какія-либо двѣ точки E и F и проведемъ прямыя EA, EB, FA и FB. Если G—точка пересѣченія прямыхъ FA и BE, а H—точка пересѣченія прямыхъ FB и AE, то прямая GH пересѣкаетъ данную прямую въ четвертой гармонической точкѣ D. Доказательство получается непосредственно изъ разсмотрѣнія полнаго четырехугольника $EFGH$.

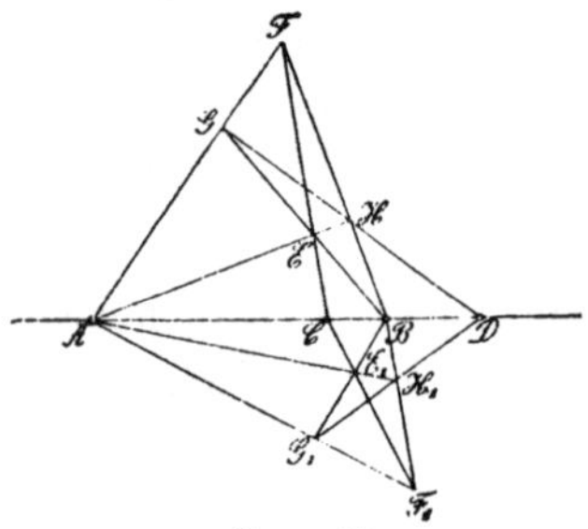

Черт. 17.

Для построенія точки D можно, конечно, воспользоваться какимъугодно четырехугольникомъ. На черт. построенъ еще другой четырехугольникъ $E_1F_1G_1H_1$. Прямая G_1H_1 должна пройти черезъ ту же точку D.

Это построеніе требуетъ только умѣнія чертить прямыя линіи, и его можно выполнить помощью одной линейки, въ то время какъ при данномъ въ 27 рѣшеніи нужно было употребить также и циркуль.

Обратно, если дана гармоническая группа четырехъ точекъ A, B, C, D, и мы строимъ вышеуказаннымъ способомъ четвертую, гармонически дѣлящую вмѣстѣ съ C пару A, B, то эта точка должна совпасть съ B.

Слѣдуетъ еще замѣтить, что по отношенію къ полному четырехугольнику обѣ пары точекъ гармонической группы играютъ различную роль, а именно: A и B—діагональныя точки, между тѣмъ какъ через C и D проходятъ противоположныя стороны. Но мы уже знаемъ изъ предыдущаго (20), что въ составленіи ангармоническаго отношенія обѣ пары точекъ играютъ одну и ту же роль. Для гармонической группы точекъ это одинаковое значеніе обѣихъ паръ легко доказать и геометрически—построеніемъ второго четырехугольника.

Задача 8. Даны прямыя a, b, c—пучка; построить четвертую прямую, дѣлящую гармонически вмѣстѣ съ c пару прямыхъ a, b.

Выберемъ на c произвольную точку N (черт. 18), проведемъ черезъ нее какія-либо двѣ прямыя EG и HF и продолжимъ прямыя EF и HG до ихъ пересѣченія въ точкѣ L; тогда LS и будетъ искомой прямой d. Для построенія ея надо только умѣть проводить прямыя, что мы можемъ выразить словами: построеніе—линейно.

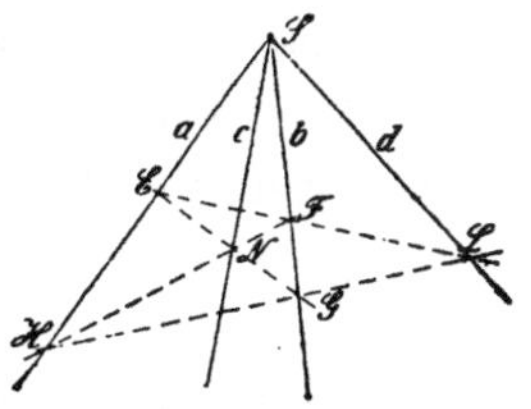

Черт. 18.

Геометрическое опредѣленіе четырехъ гармоническихъ прямыхъ.

29. Какія-либо 4 прямыхъ, e, f, g, h, лежащихъ въ одной плоскости, опредѣляютъ „полный четырехсторонникъ". Онъ имѣетъ 6 вершинъ, именно—всѣ точки пересѣченія, въ которыхъ пересѣкаются каждыя двѣ изъ 4-хъ прямыхъ. Эти вершины можно распредѣлить на три пары „противоположныхъ вершинъ" L, L', M, M', N, N' (черт. 19a или 19b)

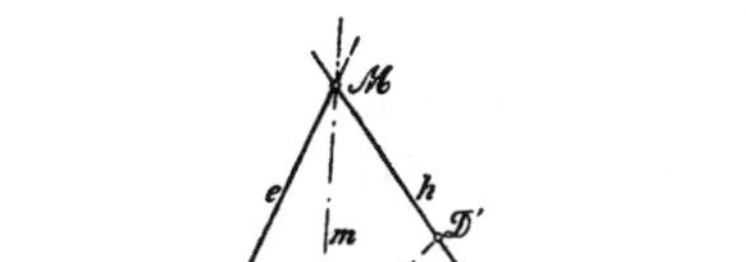

Черт. 19a.

Черт. 19b.

такимъ образомъ, что черезъ каждую пару противоположныхъ вершинъ напр. N, N', проходятъ всѣ четыре стороны четырехсторонника. Каждыя двѣ противоположныя вершины мы можемъ соединить прямой и получаемъ такимъ образомъ три „діагонали" l, m, n полнаго четырехсторонника.

Полный четырехсторонникъ, который по закону двойственности на плоскости (7а) соотвѣтствуетъ полному четырехугольнику, даетъ возможность опредѣлить чисто геометрически гармоническую группу четырехъ прямыхъ на основаніи слѣдующей теоремы.

Теорема 11. Если четыре прямыхъ l, m, c, d, принадлежащихъ одному пучку прямыхъ X. имѣютъ то свойство, что на l лежитъ одна пара L, L' противоположныхъ вершинъ полнаго четырехсторонника e, f, g, h, на m—другая пара M, M', а прямыя c и d проходятъ черезъ третью пару противоположныхъ вершинъ N, N' (черт. 19), то четыре прямыхъ l, m, c, d составляютъ гармоническую группу.

Для доказательства обозначимъ черезъ D и D' точки пересѣченія прямой d съ f и h; продолжимъ прямыя l, m, c, d, до пересѣченія съ f и проектируемъ точки пересѣченія изъ N'; тогда получимъ

$$(lmcd) = (LM'ND) = (cgnd).$$

Продолжимъ послѣднія прямыя до пересѣченія съ h и проектируемъ точки пересѣченія изъ X; тогда будемъ имѣть

$$(lgnd) = (ML'ND') = (mlcd) = \frac{1}{(lmcd)}.$$

Изъ обоихъ равенствъ слѣдуетъ, что

$$(lmcd)^2 = 1,$$

и, примѣняя аналогичныя предыдущему соображенія, получимъ

$$(lmcd) = -1.$$

Въ качествѣ упражненія рекомендуемъ построить полный четырехсторонникъ, въ которомъ построенныя въ задачѣ 8 прямыя имѣютъ только-что приведенное расположеніе.

Этимъ чисто геометрическимъ свойствомъ гармоническихъ группъ точекъ и прямыхъ пользуется геометрія положенія для исходнаго опредѣленія гармоническихъ группъ и для вывода ея — геометріи положенія — законовъ, — методъ, которому мы не будемъ слѣдовать въ дальнѣйшемъ. Ангармоническое же отношеніе четырехъ элементовъ въ данномъ здѣсь опредѣленіи она должна исключить изъ области своихъ изслѣдованій, вслѣдствіе входящихъ въ него метрическихъ величинъ отрѣзковъ и угловъ. Впрочемъ, Штаудтъ въ своей геометріи положенія далъ особое названіе совокупности какихъ-либо четырехъ элементовъ основной формы одного измѣренія и этимъ замѣнилъ до нѣкоторой степени отсутствіе понятія объ ангармоническомъ отношеніи.

Чтобы дать примѣненіе этимъ изслѣдованіямъ, докажемъ еще слѣдующую теорему:

Даны въ плоскости двѣ прямыхъ a, b и точка S. Проводимъ черезъ S произвольныя прямыя, пересѣкающія a и b въ точкахъ A, B, A', B' и т. д. (черт. 20); затѣмъ прямыя AB' и $A'B$ дадутъ въ пересѣченіи точку D, прямыя $A'B''$ и $A''B'$ пересѣкутся въ точкѣ D' и т. д. Всѣ построенныя такимъ образомъ точки лежатъ на одной прямой, проходящей черезъ точку пересѣченія F данныхъ прямыхъ a и b.

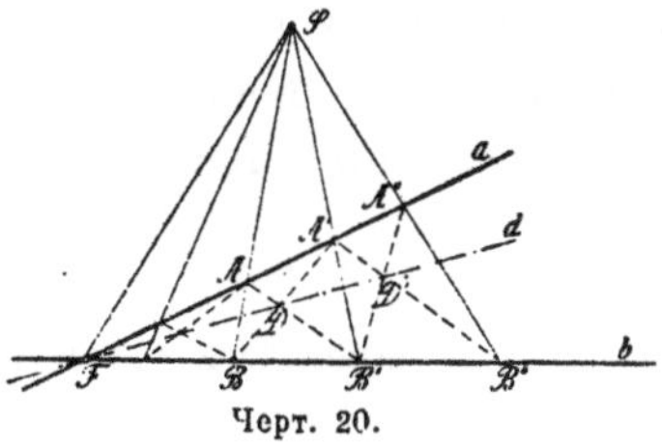

Черт. 20.

Въ самомъ дѣлѣ, если соединимъ F съ S и D и обозначимъ эти прямыя черезъ s и d, то a, b, s, d составятъ гармоническую группу 4 прямыхъ, какъ это видно изъ разсмотрѣнія четырехугольника $AA'B'B$, и, слѣдовательно, $(absd) = -1$. Но 3 прямыхъ a, b, s имѣютъ только одну четвертую гармоническую, значитъ, всѣ точки D должны лежать на одной прямой, проходящей черезъ F.

Задача 9. Даны въ плоскости 2 прямыхъ a, b, точка пересѣченія которыхъ не можетъ быть построена, и точка D. Требуется соединить эту точку D прямой линіей съ недоступной точкой пересѣченія.

Воспользуемся только-что доказанной теоремой и проведемъ черезъ D (черт. 20) какія-либо двѣ прямыя AB' и $A'B$. Тогда AB и $A'B'$ даютъ въ пересѣченіи точку S. Какая-либо другая прямая, проведенная черезъ S и пересѣкающая a и b въ точкахъ A'' и B'', опредѣляетъ точку D'. Прямая DD' есть искомая.

§ 11. Метрическія соотношенія въ гармоническихъ группахъ.

30. Если A, B, C, D, — 4 гармоническихъ точки, то $(ABCD) = -1$ или

$$\frac{AC}{BC} = -\frac{AD}{BD}.$$

Если, затѣмъ, точка M (черт. 21) — середина отрѣзка AB, то предыдущее равенство можетъ быть написано въ такомъ видѣ:

$$\frac{AM+MC}{BM+MC} = \frac{DM+MA}{BM+MD}.$$

Если освободимъ это равенство отъ знаменателей и примемъ во вниманіе равенство $AM = MB$, мы получимъ

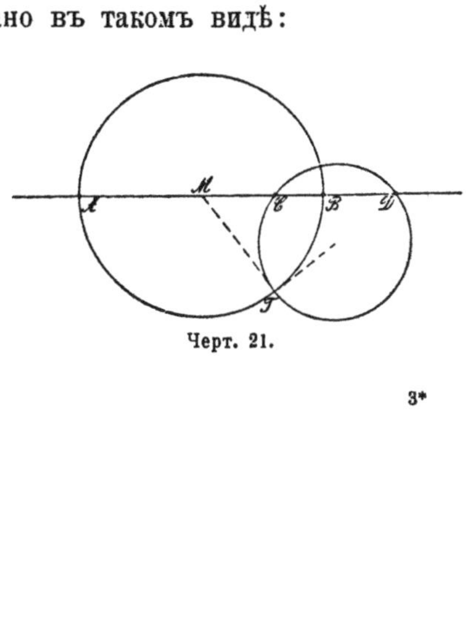

Черт. 21.

(1) . . $MC \cdot MD = MA^2 = MB^2$.

Это равенство выражаетъ теорему о гармоническихъ точкахъ, которую легко формулировать и словами. И обратно, если удовлетворено равенство (1), то точки составляютъ гармоническую группу.

Проведемъ черезъ точки C и D какой-нибудь кругъ, а изъ M — касательную къ нему; тогда $MC.MD$ есть произведеніе сѣкущихъ, проведенныхъ изъ точки M къ этому кругу, и равняется квадрату касательной. Обозначивъ точку касанія черезъ T, будемъ имѣть

(2) . . . . $MT^2 = MC.MD.$

Изъ равенствъ (1) и (2) слѣдуетъ, что

$$MT = MA = BM,$$

т. е. что точка T лежитъ на кругѣ, имѣющемъ AB своимъ діаметромъ. Такимъ образомъ, касательныя къ обоимъ кругамъ въ точкѣ T перпендикулярны между собой, что можно выразить и такъ: оба круга пересѣкаются ортогонально. Этимъ доказана

Теорема 12. Если пара точекъ A, B дѣлитъ гармонически пару C, D, то всякій кругъ, проведенный черезъ точки C и D, пересѣкаетъ ортогонально кругъ, описанный на AB, какъ на діаметрѣ.

Задача 10. Дана — гармоническая группа четырехъ прямыхъ a, b, c, d, для которыхъ, слѣдовательно, $(abcd) = -1$, и прямая m — одна изъ прямыхъ, дѣлящихъ пополамъ уголъ (ab); доказать слѣдующее соотношеніе:

$$\operatorname{tg}(mc).\operatorname{tg}(md) = \operatorname{tg}^2(ma) = \operatorname{tg}^2(mb),$$

соотвѣтствующее равенству (1).

ГЛАВА III.

Проективное соотвѣтствіе однородныхъ основныхъ формъ.

§ 12. Геометрическое изслѣдованіе проективнаго соотвѣтствія.

Опредѣленіе проективныхъ основныхъ формъ.

31. Основныя формы одного измѣренія, расположенныя перспективно, обладаютъ, какъ мы уже убѣдились въ первой главѣ, характеризующими ихъ свойствами двоякаго рода: относительнымъ расположеніемъ (14) и вытекающимъ отсюда метрическимъ свойствомъ равенства ангармоническихъ отношеній каждыхъ 4-хъ соотвѣтственныхъ элементовъ (23). Представимъ себѣ, что въ двухъ перспективныхъ формахъ одного измѣренія, напримѣръ, въ двухъ рядахъ точекъ g и g_1 (черт. 6), всѣ соотвѣтственные элементы, какъ A и A_1, B и B_1, и т. д., закрѣплены какимъ-нибудь способомъ на своихъ прямыхъ (которыя мы вообразимъ себѣ сдѣланными изъ какого-нибудь матеріала). Уничтожимъ геометрическую связь между рядами точекъ g и g_1 и пучкомъ прямыхъ S тѣмъ, что приведемъ g и g_1 въ какое-нибудь произвольное положеніе. Въ то время, какъ перспективное положеніе g и g_1 этимъ нарушится, метрическое свойство останется неизмѣннымъ. Такіе ряды точекъ мы условимся называть „проективно-соотвѣтственными“ и будемъ обозначать это знакомъ $\overline{\wedge}$. Слѣдовательно, мы примемъ такое

Опредѣленіе. Двѣ основныхъ формы одного измѣренія называются проективно-соотвѣтственными, если между ихъ элементами установлено означенное соотвѣтствіе такимъ образомъ, что каждая группа 4-хъ элементовъ одной формы и группа 4-хъ соотвѣтствующихъ имъ элементовъ другой имѣютъ одинаковое ангармоническое отношеніе.

Для того, чтобы образовать такія проективно-соотвѣтственныя основныя формы, у насъ пока нѣтъ другого средства, какъ расположить перспективно двѣ основныя формы, а затѣмъ дать ихъ основаніямъ произвольное положеніе. Но нетрудно получить и непосредственно проективное соотвѣтствіе между двумя основными формами одного измѣренія.

Построеніе проективно-соотвѣтственныхъ рядовъ точекъ.

32. Выполнимъ это прежде всего для двухъ рядовъ точекъ, основанія которыхъ g и g_1 лежатъ въ одной плоскости. Для 3-хъ произвольныхъ точекъ A, B, C прямой g выберемъ на прямой g_1 3 имъ соотвѣтственныя произвольныя точки A_1, B_1, C_1. Соединимъ прямой A и A_1 (черт. 22) и возьмемъ на прямой AA_1 двѣ произвольныя точки S и S_1. Пусть прямыя SB и S_1B_1 пересѣкаются въ точкѣ $\mathbf{B}$, а SC и S_1C_1—въ точкѣ $\mathbf{C}$. Проведемъ затѣмъ черезъ $\mathbf{B}$ и $\mathbf{C}$ прямую p, пересѣкающую прямую AA_1 въ точкѣ $\mathbf{A}$. Мы найдемъ теперь для произвольной точки $\mathbf{D}$ на g соотвѣтственную ей точку на g_1 слѣдующимъ образомъ: проводимъ прямую SD_1, пересѣкающую p въ точкѣ $\mathbf{D}$; прямая $S_1\mathbf{D}$ пересѣчетъ g_1 въ точкѣ D_1, соотвѣтствующую точкѣ D, такъ какъ при всякомъ положеніи точки D, очевидно, будетъ имѣть мѣсто, по теоремамъ въ 23, равенство

$$(ABCD)=(A_1B_1C_1D_1)=(\mathbf{ABCD}).$$

Если D описываетъ одинъ рядъ точекъ, то D_1 будетъ пробѣгать другой, а каждый изъ пучковъ S и S_1 будетъ оставаться въ перспективномъ положеніи съ рядомъ точекъ $\mathbf{A}, \mathbf{B}, \mathbf{C}$ на p; слѣдовательно, эти пучки перспективны между собой. Отсюда каждая группа 4-хъ точекъ на g и группа 4-хъ соотвѣтственныхъ имъ точекъ на g_1 имѣютъ равное ангармоническое отношеніе. Такимъ образомъ, мы на самомъ дѣлѣ построили проективно-соотвѣтственные ряды точекъ и вмѣстѣ съ тѣмъ нашли, что три пары соотвѣтственныхъ точекъ могутъ быть выбраны произвольно. Изложенное построеніе непосредственно опредѣляетъ проективное соотвѣтствіе.

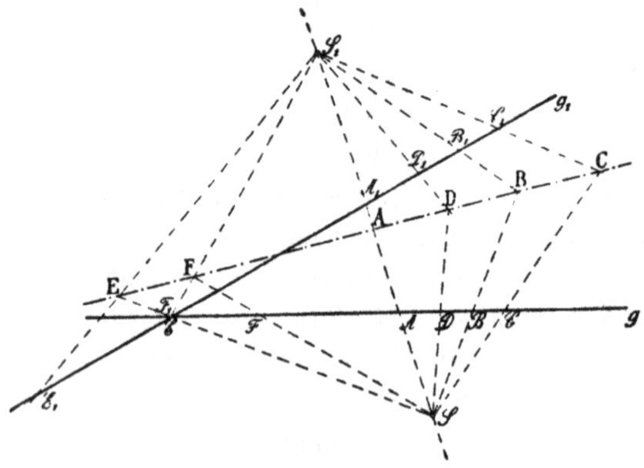

Черт. 22.

Задача 11. Построить точки, соотвѣтственныя безконечно-удаленнымъ точкамъ g и g_1.—Точку пересѣченія обоихъ основаній g и g_1 можно обозначить какъ точку ряда g черезъ E и какъ точку ряда g_1 черезъ F_1. Построить соотвѣтственныя точки E_1 и F (черт. 22).

Построеніе проективно-соотвѣтственныхъ пучковъ прямыхъ.

33. Примѣненіе закона двойственности позволитъ намъ установить проективное соотвѣтствіе между двумя пучками прямыхъ, находящихся въ одной плоскости. Для трехъ произвольныхъ прямыхъ a, b, c пучка S

выберемъ въ пучкѣ S_1 три произвольныхъ соотвѣтствующихъ имъ прямыхъ a_1, b_1, c_1 (черт. 23). Черезъ точку пересѣченія a и a_1 проведемъ двѣ произвольныхъ прямыхъ g и g_1 и продолжимъ g до пересѣченія съ прямыми a, b, c въ точкахъ A, B, C, а g_1—до пересѣченія съ прямыми a_1, b_1, c_1 въ точкахъ A_1, B_1, C_1. Соединимъ B съ B_1 и C съ C_1; тогда прямыя BB_1 и CC_1 даютъ въ пересѣченіи точку P. Для произвольной прямой d пучка S мы находимъ соотвѣтственную слѣдующимъ образомъ: d пересѣкаетъ g въ точкѣ D, прямая DP пересѣкаетъ g_1 въ точкѣ D_1, и S_1D_1 будетъ соотвѣтственной прямой d_1 въ пучкѣ S_1.

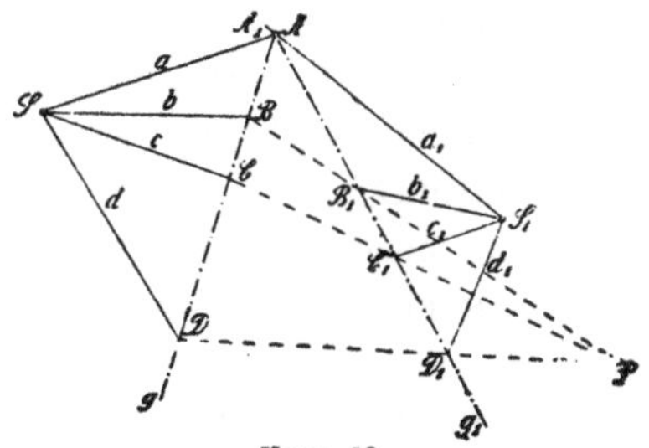

Черт. 23.

Легко видѣть, что

$$(abcd) = (a_1 b_1 c_1 d_1).$$

Ряды точекъ на g и g_1, получающихся отъ пересѣченія этихъ прямыхъ съ соотвѣтственными прямыми пучковъ S и S_1, находятся въ перспективномъ положеніи.

Задача 12. Построить въ обоихъ проективно-соотвѣтственныхъ пучкахъ прямыя e_1 и f, соотвѣтствующія прямой SS_1, разсматривая ее сначала какъ прямую e перваго пучка, а потомъ какъ прямую f_1 второго.

Чтобы установить проективное соотвѣтствіе между рядомъ точекъ и пучковъ прямыхъ, мы можемъ, напримѣръ, пересѣчь пучекъ какой-нибудь прямой въ рядѣ точекъ и установить проективное соотвѣтствіе между послѣднимъ и даннымъ рядомъ точекъ.

Когда нужно установить проективное соотвѣтствіе между пучкомъ плоскостей и пучкомъ прямыхъ, то мы пересѣкаемъ пучекъ плоскостей плоскостью пучка прямыхъ и устанавливаемъ проективное соотвѣтствіе между обоими пучками прямыхъ.

Дополненіе. Вмѣсто того, чтобы пользоваться геометрическимъ построеніемъ, можно предположить, что проективное соотвѣтствіе установлено съ самаго начала равенствомъ ангармоническихъ отношеній соотвѣтственныхъ элементовъ. Если, напримѣръ, g и g_1—основанія двухъ рядовъ точекъ, A, B, C, какъ и A_1, B_1, C_1,—произвольно выбранныя на нихъ точки, то произвольная точка D ряда g составляетъ съ точками A, B, C ангармоническое отношеніе, имѣющее опредѣленное значеніе $(ABCD) = \lambda$. Тогда на g_1 существуетъ только одна точка D_1, для которой $(A_1B_1C_1D_1) = \lambda$. Эта точка D_1 и есть соотвѣтственная точкѣ D. Такимъ образомъ имѣетъ мѣсто равенство

$$(ABCD) = (A_1 B_1 C_1 D_1).$$

Вышеприведенныя построенія показываютъ, какъ найти элементы, постоянно удовлетворяющіе этому или аналогичному равенству.

Но невольно возникаетъ вопросъ: не имѣетъ ли, можетъ-быть, только-что непосредственно обоснованное проективное соотвѣтствіе болѣе общій характеръ, чѣмъ соотвѣтствіе, въ которомъ находятся двѣ перспективныхъ основныхъ формы, послѣ того, какъ измѣнено взаимное положеніе ихъ основаній?

Для основныхъ формъ одного измѣренія подобное обстоятельство не имѣетъ мѣста. Дѣйствительно, мы покажемъ въ слѣдующемъ параграфѣ, что двѣ проективныя основныя формы одного измѣренія всегда могутъ быть приведены въ перспективное положеніе.

§ 13. Приведеніе проективно-соотвѣтственныхъ основныхъ формъ одного измѣренія въ перспективное положеніе.

Проективно-соотвѣтственные ряды точекъ, приведенные въ перспективное положеніе.

34. Даны два ряда точекъ, между которыми установлено проективное соотвѣтствіе только-что описанными способами, т. е. два такихъ ряда, въ которыхъ каждой группѣ 4-хъ произвольныхъ точекъ одного соотвѣтствуетъ группа 4-хъ точекъ другого съ тѣмъ же ангармоническимъ отношеніемъ, и пусть E и E_1—какія-нибудь двѣ соотвѣтствующія другъ другу точки. Тогда для трехъ другихъ паръ соотвѣтственныхъ точекъ A, A_1, B, B_1, C, C_1, имѣетъ мѣсто равенство

$$(1) \quad . \; . \; . \; . \; . \; . \; . \; . \quad (ABEC)=(A_1B_1E_1C_1)\,.$$

Приведемъ теперь g и g_1 въ такое взаимное положеніе, чтобы E и E_1 образовали одну точку, но чтобы при этомъ g и g_1 не совпали. Соединимъ A съ A_1, B съ B_1 и продолжимъ эти прямыя до пересѣченія въ точкѣ S[1]). Тогда и прямая CC_1 проходитъ черезъ эту точку S. Въ самомъ дѣлѣ, если допустимъ, что прямая SC_1 пересѣкаетъ g въ какой-нибудь точкѣ C', то по 23 теорема 2 будемъ имѣть

$$(2) \quad . \; . \; . \; . \; . \; . \; . \; . \; . \quad (ABEC')=(A_1B_1E_1C_1)\,,$$

или, принимая во вниманіе равенство (1),

$$(ABEC)=(ABEC')\,.$$

---

[1]) Мы совѣтуемъ читателю выполнять самому чертежи по даннымъ текста даже тогда, когда они имѣются въ книгѣ. Пониманіе значительно облегчается, если мы видимъ, какъ выполняются послѣдовательно детали чертежа.

Но въ такомъ случаѣ C' должна совпасть съ C, т. е. $C' \equiv C$, такъ какъ по 25 существуетъ только одна точка C, имѣющая съ A, B и E данное ангармоническое отношеніе $(ABEC)$. Подобнымъ пріемомъ можно доказать, что и всякая прямая, соединяющая какія-либо двѣ другія соотвѣтственныя точки, пройдетъ черезъ точку S. Такимъ образомъ, оба ряда точекъ представлены какъ сѣченія пучка S, т. е. они приведены въ перспективное положеніе.

Очевидно, что это возможно сдѣлать безконечнымъ числомъ различныхъ способовъ, такъ какъ для этого нужно было только, чтобы какія-либо двѣ соотвѣтственныя точки проективно-соотвѣтственныхъ рядовъ точекъ совмѣстились въ точкѣ пересѣченія обоихъ основаній. Точка S называется также „центромъ перспективы". Мы получили, такимъ образомъ, слѣдующую теорему.

Теорема 13. Даны два проективно-соотвѣтственные ряда точекъ g и g_1 и въ точкѣ пересѣченія обоихъ основаній совмѣщены соотвѣтственныя точки, тогда какъ основанія g и g_1 сами не совпадаютъ; въ такомъ случаѣ оба ряда точекъ находятся въ перспективномъ положеніи, т. е. всѣ прямыя, соединяющія соотвѣтственныя точки рядовъ g и g_1, пересѣкаются въ одной точкѣ—центрѣ перспективы.

Проективно-соотвѣтственные пучки прямыхъ, приведенные въ перспективное положеніе.

35. Чтобы привести въ перспективное положеніе два лежащіе въ одной плоскости пучка прямыхъ S и S_1, мы выбираемъ какія-либо двѣ соотвѣтственныя прямыя e и e_1 и приводимъ пучки въ такое положеніе, при которомъ e совпадаетъ съ e_1, но S и S_1 не совпадаютъ. Тогда примѣненіе закона двойственности покажетъ, что пучки расположены перспективно. Отсюда слѣдуетъ

Теорема 14. Если два проективно-соотвѣтственные пучка, находящіеся въ одной плоскости, расположены такъ, что съ прямой, соединяющей ихъ центры, совмѣщены соотвѣтственныя прямыя обоихъ пучковъ, а сами центры не совпадаютъ, то пучки находятся въ „перспективномъ положеніи", т. е. точки пересѣченія всѣхъ паръ соотвѣтственныхъ прямыхъ лежатъ на одной прямой „оси перспективы.

Задача: „Привести рядъ точекъ и пучекъ прямыхъ, находящіеся въ проективномъ соотвѣтствіи, въ перспективное положеніе"—требуетъ для своего рѣшенія такого „перемѣщенія" пучка, чтобы три прямыхъ a, b, c проходили черезъ соотвѣтствующія имъ точки ряда A, B, C. (Доказательство!). Это легко выполняется на основаніи теоремъ планиметріи.

Много труднѣе привести въ перспективное положеніе пучекъ прямыхъ и пучекъ плоскостей, находящіеся въ проективномъ соотвѣтствіи. Мы не приводимъ рѣшенія задачи, такъ какъ оно для дальнѣйшаго не имѣетъ особой важности.

§ 14. Приложенія.

36. Замѣтимъ, что можно придать построеніямъ, выполненнымъ въ § 12, болѣе частный характеръ. Такъ, напримѣръ, при построеніи въ 32 проективно-соотвѣтственныхъ рядовъ точекъ можно центры S и S_1, взятые на прямой AA_1 совершенно произвольно, выбрать такъ, чтобы S совпало съ A_1, а S_1—съ A. Тогда для выполненія того же самаго построенія, что и раньше, мы должны пользоваться парами прямыхъ:

$$\left.\begin{matrix} AB_1 \\ A_1B \end{matrix}\right\} \quad \text{и} \quad \left.\begin{matrix} AC_1 \\ A_1C \end{matrix}\right\},$$

изъ которыхъ первая пара даетъ въ пересѣченіи точку B, а вторая— точку C (черт. 24), между тѣмъ, какъ прямая BC, соединяющая эти точки, находится въ перспективѣ съ пучками A и A_1. Назовемъ ее черезъ p_0. Какія-либо двѣ соотвѣтственныя точки D и D_1 проективно-соотвѣтственныхъ рядовъ точекъ можно получить, пользуясь тѣмъ, что пара прямыхъ:

$$\left.\begin{matrix} AD_1 \\ A_1D \end{matrix}\right\}$$

проходитъ черезъ одну точку D, лежащую на p_0. Если теперь построить точки, соотвѣтствующія точкѣ пересѣченія g и g_1, то изъ чертежа непосредственно видно, что это будутъ точки E_1 и F, въ которыхъ p_0 пересѣкаетъ основанія g_1 и g.

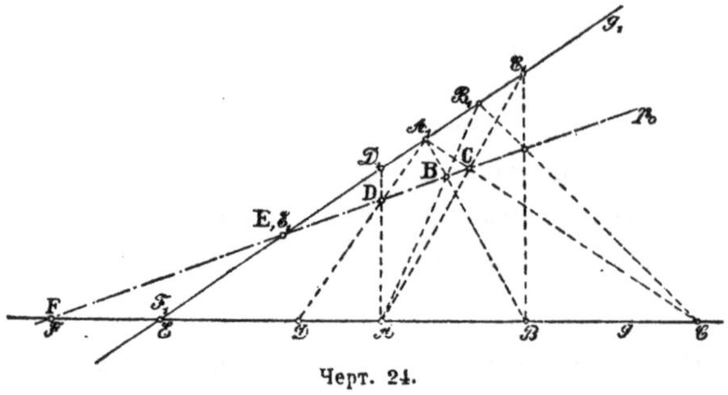

Черт. 24.

Если дано проективное соотвѣтствіе между g и g_1, то этимъ опредѣляются эти точки E_1 и F, а, слѣдовательно, также p_0. Вмѣсто того, чтобы взять вспомогательныя точки S и S_1 въ A_1 и A, мы могли бы ихъ взять въ B_1 и B, въ C_1 и C и т. д.,—но при этомъ мы должны получить ту же ось p_0. Этимъ доказана

Теорема 15. Если мы имѣемъ два проективно-соотвѣтственные ряда точекъ $A, B, C, \ldots$ и $A_1, B_1, C_1, \ldots$ на двухъ неподвижныхъ основаніяхъ g и g_1 и мы разсматриваемъ всѣ возможныя пары прямыхъ

$$\left.\begin{matrix} AB_1 \\ A_1B \end{matrix}\right\} \left.\begin{matrix} AC_1 \\ A_1C \end{matrix}\right\} \left.\begin{matrix} AD_1 \\ A_1D \end{matrix}\right\} \left.\begin{matrix} BC_1 \\ B_1C \end{matrix}\right\} \left.\begin{matrix} BD_1 \\ B_1D \end{matrix}\right\} \text{ и т. д.,}$$

то точки пересѣченія каждой изъ этихъ паръ лежатъ на одной прямой p_0, которая пересѣкаетъ основанія g и g_1 въ точкахъ, соотвѣтствующихъ точкѣ пересѣченія этихъ основаній.

Задача 13. Можно установить взаимную теорему и для двухъ проективно-соотвѣтственныхъ пучковъ прямыхъ, лежащихъ въ одной плоскости. Требуется доказать эту теорему.

Теорема Дезарга.

37. Въ видѣ примѣра плодотворности этихъ соображеній, докажемъ слѣдующую уже упомянутую въ 8 теорему:

Теорема 16. Если два треугольника $A_1B_1C_1$ и $A_2B_2C_2$, лежащіе въ одной плоскости, обладаютъ тѣмъ свойствомъ, что 1) прямыя A_1A_2, B_1B_2 и C_1C_2 пересѣкаются въ одной точкѣ, то 2) точки пересѣченія A_1B_1 и A_2B_2, A_1C_1 и A_2C_2, B_1C_1 и B_2C_2 лежатъ на одной прямой, и обратно: изъ 2) слѣдуетъ 1).

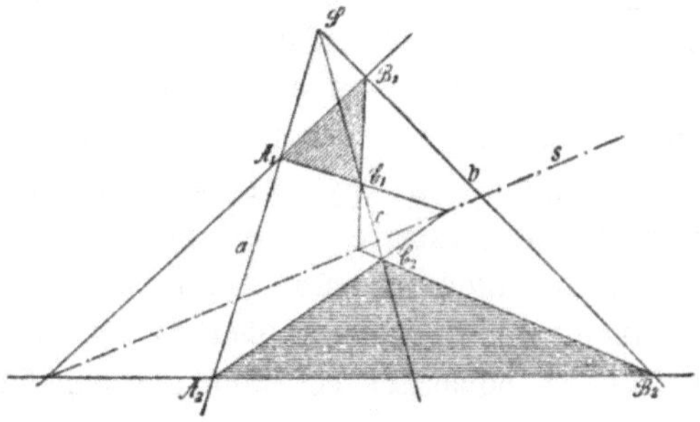

Черт. 25.

Если возьмемъ три прямыхъ a, b, c (черт. 25), проходящихъ черезъ точку S, и возьмемъ на нихъ соотвѣтственно пары точекъ A_1, A_2, B_1, B_2, C_1, C_2, то для обоихъ треугольниковъ $A_1B_1C_1$ и $A_2B_2C_2$ условіе 1) удовлетворяется. Если будемъ разсматривать теперь пучекъ S, то увидимъ, что онъ пересѣкаетъ прямыя A_1B_1 и A_2B_2 въ двухъ перспективныхъ рядахъ точекъ. Проектируемъ эти перспективные ряды точекъ соотвѣтственно изъ C_1 и C_2. Тогда пучки C_1 и C_2 проективно-соотвѣтственны и, кромѣ того, какъ легко видѣть, также перспективны, такъ что прямая, соединяющая точки C_1 и C_2, соотвѣтствуетъ самой себѣ. Такимъ образомъ, соотвѣтственныя прямыя пересѣкаются на одной прямой оси перспективы; значитъ, на этой прямой лежатъ: точка пересѣченія A_1C_1 и A_2C_2, точка пересѣченія B_1C_1 и B_2C_2 и точка пересѣченія A_1B_1 и A_2B_2 (такъ какъ и черезъ послѣднюю проходятъ соотвѣтственныя прямыя пучковъ C_1 и C_2). Такимъ образомъ, теорема доказана. Подобнымъ образомъ поступаютъ и при доказательствѣ обратной теоремы.

Дополненіе. Если оба данныхъ треугольника лежатъ въ различныхъ плоскостяхъ, то можно доказать аналогично формулированныя теоремы при помощи простыхъ стереометрическихъ соображеній.

Аналитическое добавленіе.

38. Геометрія, основанная на измѣреніи и вычисленіи, излагаетъ проективное соотвѣтствіе слѣдующимъ способомъ: если элементы одной основной формы одного измѣренія опредѣлены значеніями параметра λ, напр., значеніями ангармоническаго отношенія (сравн. 25), а элементы другой основной формы — параметромъ μ, и если между λ и μ имѣетъ мѣсто соотношеніе, линейное относительно каждой изъ этихъ величинъ

$$(1) \quad \ldots\ldots\ldots \quad \alpha\lambda\mu+\beta\lambda+\gamma\mu+\delta=0,$$

гдѣ $\alpha, \beta, \gamma, \delta$ — произвольныя, но постоянныя количества, то это уравненіе, рѣшенное относительно λ или μ, даетъ для всякаго значенія одного параметра одно значеніе другого. Такимъ образомъ элементы обѣихъ основныхъ формъ приведены въ однозначное соотвѣтствіе другъ съ другомъ. Далѣе легко показать, что, если обѣ основныхъ формы находятся въ однозначномъ соотвѣтствіи другъ съ другомъ при помощи „билинейнаго" уравненія, подобнаго (1), то отсюда слѣдуетъ равенство ангармоническихъ отношеній 4-хъ элементовъ одной основной формы и 4-хъ соотвѣтственныхъ другой, и, слѣдовательно, такія основныя формы находятся въ проективномъ соотвѣтствіи. Такимъ образомъ, соотношеніе, подобное (1), представляетъ собой аналитическое выраженіе проективнаго соотвѣтствія.

Изслѣдуемъ это ближе на наиболѣе простомъ примѣрѣ двухъ проективно-соотвѣтственныхъ рядовъ точекъ g и g_1. Выберемъ на g произвольную точку O и будемъ опредѣлять всякую другую точку P ряда g ея абсциссой $OP=x$, численное значеніе которой будемъ считать положительнымъ, если точка P лежитъ по одну сторону отъ O, и отрицательнымъ, если она лежитъ на противоположной сторонѣ прямой. Такимъ же точно образомъ точки ряда g_1 опредѣляются абсциссами x_1. Пусть между этими двумя параметрами имѣетъ мѣсто уравненіе

(2) . . . . $\alpha x x_1 + \beta x + \gamma x_1 + \delta = 0.$

Отсюда

(3) . . . . $x = -\dfrac{\gamma x_1 + \delta}{\alpha x_1 + \beta}$ и $x_1 = -\dfrac{\beta x + \delta}{\alpha x + \gamma}.$

Эти равенства даютъ возможность вычислить для всякаго x или x_1 соотвѣтственное значеніе x_1 или x. Но легко видѣть, что ангармоническое отношеніе 4-хъ точекъ P, P', P'', P''' приметъ для введеннаго нами обозначенія такое выраженіе:

(4) . . . . $(PP'P''P''') = \dfrac{x - x''}{x' - x''} : \dfrac{x - x'''}{x' - x'''},$

если эти точки заданы абсциссами x, x', x'', x'''. Четыремъ точкамъ P, P', P'', P''' соотвѣтствуютъ 4 точки P_1, P_1', P_1'', P_1''', на g_1 съ абсциссами

$$x_1 = -\frac{\beta x + \delta}{\alpha x + \gamma},\ x'_1 = -\frac{\beta x' + \delta}{\alpha x' + \gamma} \text{ и т. д.}$$

Простое вычисленіе показываетъ, что

$$(P_1 P_1' P_1'' P_1''') = (PP'P''P''').$$

§ 15. Метрическія соотношенія.

Частные случаи.

Соотношеніе между точками, соотвѣтствующими безконечно-удаленнымъ точкамъ.

39. Если мы введемъ въ соотношеніе, выражающее равенство ангармоническихъ отношеній любой группы 4-хъ соотвѣтственныхъ точекъ на двухъ проективныхъ рядахъ, безконечно-удаленныя точки обоихъ основаній g и g_1, то мы получимъ метрическое соотношеніе въ тѣсномъ смыслѣ этого слова, такъ какъ ангармоническія отношенія переходятъ въ простыя отношенія. Если мы, именно, представимъ себѣ, что оба ряда точекъ приведены какимъ-нибудь образомъ въ перспективное положеніе,

и если (черт. 6) R и Q_1 — точки, соотвѣтствующія безконечно-удаленнымъ точкамъ g и g_1, то мы имѣемъ

$$(ABRQ) = (A_1 B_1 R_1 Q_1),$$

и отсюда, принимая во вниманіе 25,

$$\frac{AR}{BR} = \frac{B_1 Q_1}{A_1 Q_1}$$

или

$$AR \,.\, A_1 Q_1 = BR \,.\, B_1 Q_1 \,.$$

Такимъ образомъ, всѣ тѣ прямоугольники, въ образованіи которыхъ участвуютъ соотвѣтственныя точки A, A_1, B, B_1, C, C_1, ..., равновелики. Мы получимъ ихъ общую площадь, воспользовавшись парой точекъ E, E_1, совмѣщающихся въ точкѣ S пересѣченія основаній. Въ самомъ дѣлѣ, для этой пары точекъ

$$ER \,.\, E_1 Q_1 = Q_1 S \,.\, RS = k \,.$$

Такимъ образомъ,

$$AR \,.\, A_1 Q_1 = BR \,.\, B_1 Q_1 = \ldots = k = const \,.$$

Подобные, тождественные ряды точекъ.

40. Изъ общаго проективнаго соотвѣтствія между двумя рядами точекъ можно получить соотвѣтствіе частнаго характера, если мы поставимъ въ немъ безконечно-удаленныя точки въ особую зависимость, проще всего, если мы предположимъ, что онѣ составляютъ въ проективномъ соотвѣтствіи соотвѣтственную пару. Пусть Q и Q_1 — эти безконечно-удаленныя точки, тогда

$$(ABCQ) = (A_1 B_1 C_1 Q_1),$$

слѣдовательно,

$$\frac{AC}{BC} = \frac{A_1 C_1}{B_1 C_1},$$

или также

$$\frac{AC}{A_1 C_1} = \frac{BC}{B_1 C_1} = c \,.$$

Такимъ образомъ, отношеніе какихъ-либо двухъ соотвѣтственныхъ отрѣзковъ остается всегда $= c$. Такіе ряды точекъ называются „подобными“.

Если $c = 1$, то два соотвѣтственные отрѣзка равны по длинѣ, и проективные ряды точекъ называются тогда „тождественными“.

Задача 14. Показать, что можно получить подобные (а при нѣкоторыхъ обстоятельствахъ тождественные) ряды точекъ, если пересѣчь двѣ параллельныя прямыя произвольнымъ пучкомъ прямыхъ или двѣ произвольныя прямыя пучкомъ параллельныхъ прямыхъ.

Подобнымъ образомъ два проективно-соотвѣтственные пучка прямыхъ называются тождественными, если каждая пара прямыхъ въ одномъ пучкѣ образуетъ уголъ, равный углу между соотвѣтственной парой въ другомъ. Мы получимъ такіе пучки прямыхъ, если, напр., будемъ проектировать рядъ точекъ изъ двухъ центровъ S и S_1, расположенныхъ на прямой, перпендикулярной къ этому ряду, на одинаковыхъ отъ него разстояніяхъ, или если мы будемъ разсматривать два пучка, которые перспективны по отношенію къ безконечно-удаленной прямой, — въ которыхъ, слѣдовательно, соотвѣтственныя прямыя параллельны между собой.

ГЛАВА IV.

Проективное соотвѣтствіе на одномъ и томъ же основаніи.

§ 16. Двойные элементы и ихъ построеніе.

Опредѣленіе проективнаго соотвѣтствія на одномъ и томъ же основаніи.

41. Вообразимъ два ряда точекъ g и g_1, приведенные въ проективное соотвѣтствіе другъ съ другомъ. Оставляя точки обоихъ рядовъ неизмѣнно связанными съ ихъ основаніями, мы можемъ привести въ совпаденіе основаніе одного ряда точекъ съ основаніемъ другого. Тогда мы получимъ только одно основаніе, каждая точка котораго будетъ считаться какъ бы вдвойнѣ и которое будетъ въ проективномъ соотвѣтствіи само съ собой. Возможность такого соотвѣтствія вытекаетъ непосредственно изъ слѣдующихъ соображеній: если мы возьмемъ 3 точки A, B, C основанія g за соотвѣтствующія проективно тремъ другимъ точкамъ A_1, B_1, C_1 того же основанія, то получимъ, такимъ образомъ, проективное соотвѣтствіе на одномъ основаніи g. Чтобы построить другія соотвѣтственныя пары точекъ, мы проектируемъ пучкомъ прямыхъ точки A, B, C изъ любой точки (не лежащей на g) S и A_1, B_1, C_1 изъ другой точки S_1. Этимъ вполнѣ опредѣляется проективное соотвѣтствіе этихъ двухъ пучковъ, и соотвѣтственныя прямыя ихъ даютъ въ пересѣченіи съ g соотвѣтственныя точки на g. Если точка дана на основаніи g, безъ указанія какому ряду точекъ изъ обоихъ она принадлежитъ, то ее можно считать какъ точку того или другого ряда и соотвѣтственно съ этимъ обозначить черезъ J и K_1. Соединяя, смотря по этому, эту точку съ S или S_1, всегда возможно найти обѣ соотвѣтственныя точки J_1 и K, которыя въ общемъ случаѣ не будутъ совпадать.

Точно такъ же мы можемъ привести въ проективное соотвѣтствіе самихъ съ собой пучекъ прямыхъ или пучекъ плоскостей.

Направленіе проективныхъ формъ.

42. Если мы имѣемъ основную форму одного измѣренія, напримѣръ рядъ точекъ g, g_1, находящійся въ проективномъ соотвѣтствіи самъ съ собой, и мы перемѣщаемъ элементъ одной изъ этихъ формъ въ извѣстномъ направленіи, напримѣръ въ направленіи ABC, если это три точки ряда g,

то этимъ мы опредѣляемъ вполнѣ направленіе перемѣщенія соотвѣтственнаго элемента другой формы, въ данномъ случаѣ ряда g_1. Это направленіе, какъ легко убѣдиться, будетъ вполнѣ опредѣлено тремя соотвѣтственными точками A_1, B_1, C_1.

Дѣйствительно, вообразимъ оба ряда точекъ взятыми на различныхъ основаніяхъ, но въ перспективномъ положеніи, такъ что они будутъ сѣченіями одного и того же пучка прямыхъ; направленіе ABC устанавливаетъ опредѣленное направленіе и въ этомъ пучкѣ, и оно переносится и на второй рядъ точекъ. Это направленіе остается неизмѣннымъ, независимо отъ того, какъ выбраны три точки—A, B, C или A_1, B_1, C_1.

Обѣ проективныя основныя формы на одномъ и томъ же основаніи—ряды точекъ, пучки прямыхъ или пучки плоскостей—мы назовемъ равно направленными, когда второе направленіе совпадаетъ съ первымъ (черт. 26a), и разно направленными въ противномъ случаѣ (черт. 26b). Замѣтимъ, что двѣ проективныя формы на одномъ и томъ же основаніи или совпадаютъ по направленію, или противоположны во всей области перемѣщенія.

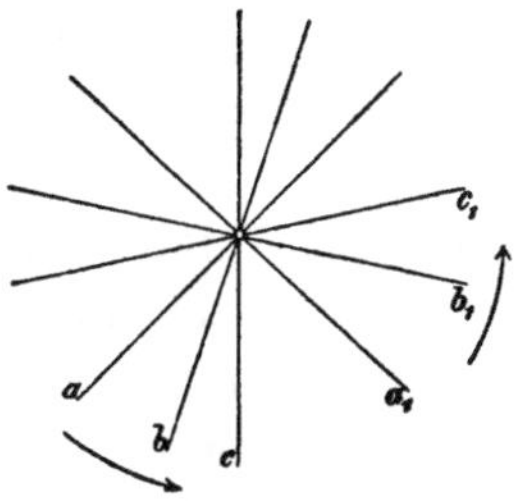

Черт. 26a.

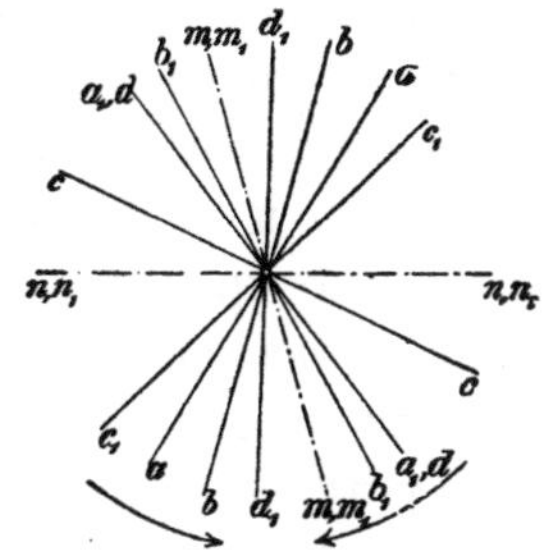

Черт. 26b.

Напротивъ, абсолютно невозможно, чтобы эти проективныя формы на одномъ и томъ же основаніи въ одной области имѣли одно направленіе, а въ другой противоположное.

Двойные элементы.

43. До сихъ поръ изученіе проективнаго соотвѣтствія на одномъ и томъ же основаніи не различалось существенно отъ выведеннаго ранѣе на различныхъ основаніяхъ. Но получится новая точка зрѣнія, если спросимъ: Содержитъ ли основаніе, приведенное само съ собой въ проективное соотвѣтствіе, элементы, которые совмѣщаются съ элементами, имъ соотвѣтственными? Можемъ ли мы, напримѣръ, въ проективномъ соотвѣтствіи найти на прямой такую точку X, которая совпадаетъ съ соотвѣтствующей ей X_1?—Мы назовемъ такую точку двойной; имъ соотвѣтствуютъ двойныя прямыя и двойныя плоскости въ пучкѣ прямыхъ и плоскостей.

Прежде чѣмъ изложить общее построеніе двойныхъ элементовъ, мы посмотримъ, какъ можно обнаружить въ извѣстныхъ случаяхъ ихъ существованіе уже изъ чисто геометрическихъ соображеній. Разсмотримъ два находящихся въ проективномъ соотвѣтствіи пучка прямыхъ съ общимъ центромъ. Пусть какая-либо прямая перваго пучка вращается по направленію abc, напримѣръ (черт. 26b), съ равномѣрною угловой скоростью. Движеніе соотвѣтственной прямой второго пучка опредѣляется этимъ вполнѣ, такъ какъ она должна находиться въ a_1, когда первая прямая совпадаетъ съ a, въ b_1, когда первая проходитъ черезъ b, и т. д., такъ, что, вообще, обѣ вращающіяся прямыя въ одинъ и тотъ же моментъ времени совпадаютъ съ двумя соотвѣтственными прямыми обоихъ пучковъ. Если теперь первая прямая, выходя изъ a, займетъ положеніе въ a_1, или обозначимъ ее въ этомъ мѣстѣ черезъ d, то соотвѣтственная прямая будетъ находиться въ d_1. И, гдѣ бы ни лежала прямая d_1, углы aa_1 и dd_1 вслѣдствіе противоположности направленій вращеній имѣютъ во всякомъ случаѣ общую часть,—на чертежѣ, напримѣръ, уголъ dd_1,— образованную обѣими прямыми, движущимися въ противоположныхъ направленіяхъ, и въ ней будетъ одно положеніе прямой, чрезъ которое обѣ прямыя пройдутъ одновременно. Этому положенію, въ которомъ обѣ прямыя на мгновеніе совмѣщаются, очевидно, и будетъ соотвѣтствовать двойная прямая m и m_1 обоихъ пучковъ.

Если первая прямая будетъ продолжать свое движеніе отъ d до тѣхъ поръ, пока она не совпадетъ съ a, то въ это время вторая прямая движется въ противоположномъ направленіи отъ d_1 къ a_1, и, такимъ образомъ, въ углѣ aa_1 должна находиться вторая двойная прямая пучка n, n_1, которая вмѣстѣ съ первой двойной прямой раздѣляетъ какъ пару прямыхъ a, a_1, такъ и пару d, d_1. Аналогичное изслѣдованіе примѣнимо и къ рядамъ точекъ, такъ что можно считать доказаннымъ слѣдующую

Теорему 17. Въ двухъ разно направленныхъ формахъ одного измѣренія на одномъ и томъ же основаніи всегда существуютъ два двойныхъ элемента, которые раздѣляются каждой парой соотвѣтственныхъ элементовъ. Эти два двойныхъ элемента никогда не могутъ совпасть.

Мы не разсматриваемъ тѣхъ довольно сложныхъ предположеній и разсужденій, которыя необходимы для доказательства этой теоремы безъ помощи геометрическаго построенія.

Въ то время, какъ въ разсматриваемыхъ проективныхъ формахъ одного измѣренія всегда существуютъ два совпадающихъ двойныхъ элемента, то того же нельзя утверждать относительно одинаково направленныхъ проективно-соотвѣтственныхъ формъ. Въ этомъ случаѣ двойные элементы могутъ быть, могутъ и не быть. Но вмѣстѣ съ тѣмъ невозможно, чтобы существовало болѣе двухъ двойныхъ элементовъ. Дѣйствительно, если мы предположимъ, что въ проективномъ соотвѣтствіи на прямой находятся три двойныхъ точки M, N, P, то для двухъ соотвѣтственныхъ точекъ A и A_1 было бы $(MNPA) = (M_1 N_1 P_1 A_1)$, при чемъ M_1 совпадаетъ съ M, N_1 съ N, P_1 съ P. А такъ какъ невозможно, чтобы двѣ различныя точки A и A_1 съ тремя точками образовали то же самое ангармоническое отношеніе, то точка A совпадаетъ съ A_1, а, слѣдовательно, вообще каждая точка совпадаетъ съ своей соотвѣтственной. Отсюда получается

Теорема 18. Если въ проективномъ соотвѣтствіи на одномъ основаніи три элемента совпадутъ съ соотвѣтственными имъ, то и каждый элементъ совпадетъ съ своимъ соотвѣтственнымъ, т. е. оба ряда будутъ идентичны.

Согласно съ этимъ число встрѣчающихся двойныхъ элементовъ должно быть 0, 1, 2. Можно привести ихъ опредѣленіе къ случаю построенія двойной точки двухъ рядовъ точекъ на одномъ основаніи. Дѣйствительно, два проективно-соотвѣтственныхъ пучка прямыхъ съ общимъ центромъ и лежащіе въ одной и той же плоскости пересѣкаются прямой, принадлежащей общей плоскости пучковъ, по двумъ проективно-соотвѣтственнымъ рядамъ точекъ, черезъ двойныя точки которыхъ проходятъ двойныя прямыя пучковъ, точно такъ же два проективно-соотвѣтственныхъ пучка плоскостей съ общей осью пересѣкаются любой плоскостью по двумъ проективно-соотвѣтственнымъ пучкамъ прямыхъ съ общимъ центромъ, и черезъ двойныя прямыя ихъ проходятъ двойныя плоскости пучковъ плоскостей. Мы воспользуемся для построенія двойныхъ точекъ двухъ проективныхъ рядовъ точекъ кругомъ, начерченнымъ гдѣ-нибудь въ плоскости, независимо отъ данныхъ рядовъ. Но раньше мы должны познакомиться со свойствами круга.

Лемма о кругѣ.

44. Если P и P_1 двѣ какихъ-угодно точки на кругѣ (черт. 27) и мы проектируемъ изъ нихъ (соединяя съ P и P_1) остальныя точки круга, какъ напримѣръ, точку A прямыми a и a_1, точку B прямыми b и b_1 и т. д., то мы получимъ пучки прямыхъ P и P_1, и эти пучки оказываются проективно-соотвѣтственными, откуда слѣдуетъ

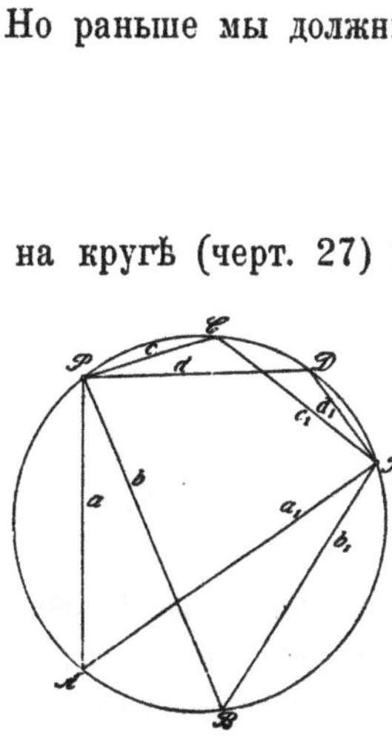
Черт. 27

Теорема 19. Изъ двухъ произвольныхъ точекъ окружности всѣ остальныя проектируются по двумъ проективно-соотвѣтственнымъ пучкамъ.

Дѣйствительно,

$$\sphericalangle(ab) = \sphericalangle(a_1 b_1)$$

или

$$\sphericalangle(ad) = 180^\circ - \sphericalangle(a_1 d_1).$$

Въ обоихъ случаяхъ

$$\sin(ab) = \sin(a_1 b_1)$$
$$\sin(ad) = \sin(a_1 d_1)$$

и, слѣдовательно,

$$(abcd) = (a_1 b_1 c_1 d_1),$$

если это какія-либо четыре пары прямыхъ, которыя проектируютъ изъ P и P_1 точки окружности. Итакъ, пучки P и P_1 проективны; ихъ особенное свойство заключается въ томъ, что они тождественны (сравни 40) и равно направлены.

Штейнеровское построеніе двойныхъ элементовъ.

45. Данъ кругъ и въ его плоскости находится основаніе g, на которомъ задано проективное соотвѣтствіе тремя парами прямыхъ $\boldsymbol{A}, \boldsymbol{A}_1$, $\boldsymbol{B}, \boldsymbol{B}_1$, $\boldsymbol{C}, \boldsymbol{C}_1$, (черт. 28). Чтобы получить точное заключеніе о фактѣ существованія двойныхъ точекъ, мы выберемъ прежде всего на кругѣ какую-угодно точку S и проведемъ изъ нея линіи $\boldsymbol{SA}, \boldsymbol{SB}, \boldsymbol{SC}, \boldsymbol{SA}_1, \boldsymbol{SB}_1, \boldsymbol{SC}_1$, которыя пересѣкаютъ кругъ вторично въ точкахъ A, B, C, A_1, B_1, C_1. Мы получимъ тогда оба ряда точекъ проектированными на окружность

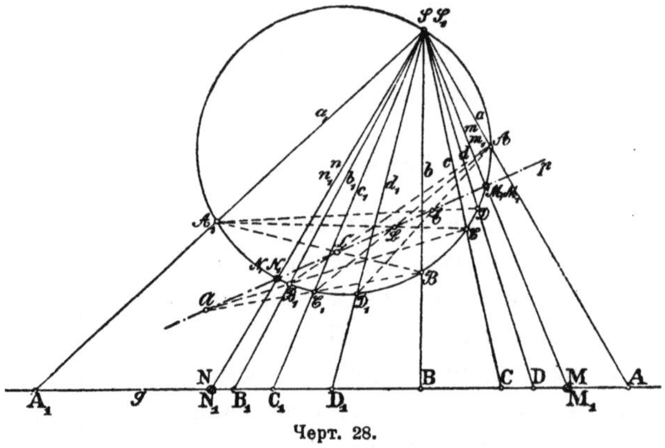

Черт. 28.

даннаго круга. Обозначимъ затѣмъ только-что данныя шесть прямыхъ по порядку черезъ a, b, c, a_1, b_1, c_1; тогда S будетъ общій центръ двухъ проективно-соотвѣтственныхъ пучковъ, такъ что

(1) пучекъ $(a, b, c \ldots) \barwedge$ пучку $(a_1, b_1, c_1, \ldots)$.

Если мы будемъ проектировать точки A, B, C и т. д. изъ A_1, а точки A_1, B_1, C_1 и т. д. изъ точки A пучкомъ прямыхъ, то, по только-что доказанной леммѣ, мы получимъ слѣдующія проективныя соотвѣтствія:

(2) Пучекъ $A\ (A_1, B_1, C_1 \ldots) \barwedge$ пучку $S\ (a_1, b_1, c_1 \ldots)$

(3) Пучекъ $A_1\ (A, B, C \ldots) \barwedge$ пучку $S\ (a, b, c \ldots)$ [1]).

Такъ какъ по (1) пучки, находящіеся въ правой части, проективно соотвѣтственны, то отсюда слѣдуетъ:

(4) Пучекъ $A\ (A_1, B_1, C_1, \ldots) \barwedge$ пучку $A_1\ (A, B, C, \ldots)$.

Эти пучки не только проективно-соотвѣтственны, но и перспективны по теоремѣ 14, такъ какъ съ прямой AA_1, соединяющей центры пучковъ, совпадаютъ соотвѣтственныя прямыя обоихъ пучковъ; слѣдовательно, точки пересѣченія соотвѣтственныхъ прямыхъ лежатъ на одной и той же прямой p.

Если поэтому AB_1 и A_1B пересѣкутся въ точкѣ $\mathfrak{C}$, затѣмъ AC_1 и A_1C въ точкѣ $\mathfrak{B}$, то прямая $\mathfrak{BC}$, ихъ соединяющая, и будетъ осью перспективы p.

Слѣдовательно, если $\mathfrak{E}$ какая-либо точка на p, то линіи $A\mathfrak{E}$ и $A_1\mathfrak{E}$ пересѣкаются съ кругомъ въ двухъ точкахъ D_1 и D, а D и D_1, проектируясь изъ S на g, даютъ двѣ соотвѣтственныя точки $\mathbf{D}$ и $\mathbf{D}_1$ на прямой g.

Пусть ось p пересѣкаетъ кругъ въ точкахъ M и N. Если мы и для этихъ точекъ прямой p примѣнимъ то же построеніе, какъ и для любой точки $\mathfrak{E}$, то изъ чертежа видно, что M и N, проектируясь изъ S на g, даютъ двойныя точки $\mathbf{M}$ и $\mathbf{N}$ двухъ проективно-соотвѣтственныхъ рядовъ точекъ на одномъ основаніи.

Затѣмъ, прямыя SM и SN представляютъ двойныя прямыя проективно-соотвѣтственныхъ пучковъ (a, b, c) и (a_1, b_1, c_1) съ общимъ центромъ въ S.

Итакъ, если ось p пересѣкаетъ вспомогательный кругъ, то дѣйствительные двойные элементы встрѣтятся въ обѣихъ проективныхъ формахъ (гиперболическое проективное соотвѣтствіе). Если линія p совсѣмъ не встрѣчается съ кругомъ, то не получится никакихъ (дѣйствительныхъ) двойныхъ элементовъ (эллиптическое проективное соотвѣтствіе). Если, наконецъ, линія p касается круга, то мы имѣемъ промежуточный случай параболическаго проективнаго соотвѣтствія, въ которомъ оба двойныхъ элемента сливаются въ одинъ. Послѣднее проективное соотвѣтствіе непремѣнно одинаково-направленное, такъ какъ по 17 теоремѣ въ разно-направленныхъ проективныхъ соотвѣтствіяхъ оба двойныхъ элемента не могутъ совпасть въ одинъ.

---

[1]) Обозначеніе не трудно для пониманія: пучекъ $A\ (A_1, B_1, C_1, \ldots)$ обозначаетъ пучекъ прямыхъ съ центромъ A, прямыя котораго проходятъ черезъ $A_1, B_1, C_1 \ldots$

Добавленіе. За центры перспективныхъ пучковъ, вмѣсто точекъ A и A_1, можно было бы взять съ такимъ же успѣхомъ и точки B и B_1 или C и C_1. При этомъ получимъ тѣ же точки M и N, а слѣдовательно, и ту же прямую p. Поэтому $\mathfrak{A}$, точка пересѣченія BC_1 и B_1C, $\mathfrak{F}$, точка пересѣченія BD_1 и B_1D, и т. д. должны лежать на p. Такимъ, образомъ, на оси p находятся всѣ точки пересѣченія прямыхъ:

$$\left.\begin{matrix}AB_1\\A_1B\end{matrix}\right\}\mathfrak{C}\qquad\left.\begin{matrix}AC_1\\A_1C\end{matrix}\right\}\mathfrak{B}\qquad\left.\begin{matrix}AD_1\\A_1D\end{matrix}\right\}\mathfrak{C}$$

$$\left.\begin{matrix}BC_1\\B_1C\end{matrix}\right\}\mathfrak{A}\qquad\left.\begin{matrix}BD_1\\B_1D\end{matrix}\right\}\mathfrak{E}\qquad\left.\begin{matrix}CD_1\\C_1D\end{matrix}\right\}\mathfrak{F}.$$

Это построеніе двойныхъ элементовъ дано нѣмецкимъ геометромъ Яковомъ Штейнеромъ (Геометрическія построенія, выполняемыя помощью линейки и неподвижнаго круга. Берлинъ 1833).

Другая теорема о двойныхъ элементахъ.

46. Если M, N двойныя точки, A, A_1, B, B_1 двѣ пары соотвѣтственныхъ точекъ двухъ проективныхъ рядовъ точекъ, то мы имѣемъ

$$(MNAB)=(M_1N_1A_1B_1).$$

Если мы введемъ выраженія для ангармоническаго отношенія, то простое преобразованіе дастъ другое соотношеніе:

$$(MNAA_1)=(MNBB_1).$$

Значеніе этого ангармоническаго отношенія должно быть одно и то же для всѣхъ паръ соотвѣтственныхъ точекъ, т. е. $k=\text{const}$. Этимъ доказана слѣдующая вѣрная вообще для дѣйствительныхъ двойныхъ элементовъ

Теорема 20. Какіе-либо соотвѣтственные элементы, приведенные въ проективное соотношеніе на одномъ и томъ же основаніи, образуютъ съ обоими двойными элементами постоянное ангармоническое отношеніе.

Такъ, напримѣръ, смотря по тому, раздѣляется ли или не раздѣляется одна пара соотвѣтственныхъ элементовъ проективнаго соотвѣтствія обоими двойными элементами, ими раздѣляется и не раздѣляется каждая пара соотвѣтственныхъ элементовъ.

Опредѣленіе двойныхъ элементовъ вычисленіемъ.

47. Разсмотримъ вкратцѣ, какимъ образомъ опредѣляются двойные элементы вычисленіемъ. Если на одной и той же прямой имѣемъ ряды

точекъ x и x_1, то проективное соотвѣтствіе между ними по 38 выразится уравненіемъ:

$$\alpha x x_1 + \beta x + \gamma x_1 + \delta = 0.$$

Двойная точка имѣетъ ту особенность, что для нея $x = x_1$, если предположимъ, что x и x_1 отсчитываются отъ одной и той же начальной точки и въ одномъ и томъ же направленіи. Положивъ $x = x_1$, мы получимъ квадратное уравненіе:

$$\alpha x^2 + (\beta + \gamma) x + \delta = 0,$$

оба корня котораго даютъ координаты двойныхъ точекъ.

Если корни уравненія мнимые, то двойныхъ точекъ нѣтъ; въ этомъ случаѣ мы говоримъ: двойныя точки мнимыя.

Условимся называть всѣ задачи, рѣшеніе которыхъ приводитъ къ уравненіямъ второй степени, задачами второго порядка. Геометрическое рѣшеніе ихъ получается при помощи только-что даннаго Штейнеровскаго построенія, при которомъ пользуются только неизмѣняемымъ по величинѣ и положенію кругомъ и линейкой. Если же задача приводится къ линейному уравненію, т. е. къ уравненію первой степени, то мы назовемъ ее задачей перваго порядка. Она можетъ быть рѣшена построеніемъ при употребленіи только одной линейки. Въ рѣшеніе такихъ линейныхъ задачъ входятъ только слѣдующія геометрическія операціи: опредѣленіе точки пересѣченія двухъ данныхъ прямыхъ и построеніе прямой по двумъ даннымъ точкамъ. При Штейнеровскомъ же построеніи находятъ также пересѣченія прямой (p) съ кругомъ.

Задача 15. Точки прямой g должны быть приведены въ проективное соотвѣтствіе сами съ собой такимъ образомъ, чтобы двумъ даннымъ точкамъ A и B соотвѣтствовали двѣ другіе A_1 и B_1 и чтобы другая точка M была двойной точкой проективнаго соотвѣтствія. Построить другую двойную точку.

1 рѣшеніе. Если точку M взять и за M_1, то получаютъ три пары соотвѣтственныхъ точекъ, и тогда при помощи вспомогательнаго круга по 45 находятъ искомую двойную точку.

2 рѣшеніе. Если дана одна изъ обѣихъ двойныхъ точекъ, то задача— опредѣлить недостающую двойную точку — зависитъ только отъ одного линейнаго уравненія; слѣдовательно, это задача перваго порядка и потому мы можемъ рѣшить ее при помощи одной только линейки, не пользуясь кругомъ. Дѣйствительно, проводимъ черезъ точку M какую-либо прямую и выбираемъ на ней совершенно произвольно двѣ точки S и S_1. Изъ точки S мы проектируемъ точки A, B, M, изъ точки S_1 точки A_1, B_1, M_1. Тогда оба полученные пучка про-

ективно-соотвѣтственны, при чемъ соотвѣтственныя прямыя одного проектируютъ какія-либо соотвѣтственныя точки двухъ рядовъ точекъ; но пучки, кромѣ того, перспективны, такъ какъ съ прямой, соединяющей S и S_1, совпадаютъ соотвѣтственныя прямыя. Эти пучки имѣютъ, слѣдовательно, ось перспективы p, положеніе которой опредѣляется точками $\boldsymbol{A}$ и $\boldsymbol{B}$, при чемъ первая — точка пересѣченія SA и S_1A_1, а вторая $\boldsymbol{B}$ лежитъ на SB и S_1B_1. Но тогда точка пересѣченія p и g есть искомая вторая двойная точка N проективнаго соотношенія. Продолжимъ изслѣдованіе далѣе: если p проходитъ черезъ M, то мы получаемъ параболическое проективное соотвѣтствіе; оно вполнѣ опредѣлится, если намъ даны пара соотвѣтственныхъ точекъ A, A_1 и точка M, въ которой должны совпадать два двойныхъ элемента.

Если предположимъ точку M простой двойной точкой, но лежащей въ безконечности, то получимъ подобные ряды точекъ (40), такъ какъ безконечно-удаленныя точки обоихъ рядовъ точекъ будутъ соотвѣтственными; они имѣютъ еще другую двойную точку на конечномъ основаніи. Если мы возьмемъ тождественные ряды точекъ (40), такъ что $AB = \pm A_1B_1$, то получимъ для нижняго знака разно-направленное проективное соотвѣтствіе со второй конечной двойной точкой. Для верхняго знака оба тождественные ряда точекъ одинаково-направлены. Тогда и вторая двойная точка отодвигается въ безконечность, такъ что это проективное соотвѣтствіе можетъ быть разсматриваемо, какъ параболическое съ безконечно-удаленной двойной точкой; обратно: этимъ свойствомъ можно воспользоваться для того, чтобы опредѣлить тождественные одинаково-направленные ряды точекъ.

Задача 16. Доказать, что два тождественные пучка прямыхъ при совмѣщеніи ихъ центровъ имѣютъ мнимыя двойныя прямыя, когда они одинаково-направлены, и, наоборотъ, двѣ дѣйствительныхъ, взаимно-перпендикулярныхъ двойныхъ прямыхъ, если они разно-направлены.

Рѣшеніе. Воспользовавшись Штейнеровскимъ кругомъ, мы получимъ въ первомъ случаѣ за прямую p — безконечно-удаленную прямую, которая не пересѣкаетъ круга. Во второмъ случаѣ убѣждаются непосредственно, что двойныя прямыя должны дѣлить пополамъ углы, образованные соотвѣтственными прямыми, какъ то: a и a_1, b и b_1 и т. д.

Задача 17. Въ проективномъ соотвѣтствіи на прямой дана пара соотвѣтственныхъ точекъ A, A_1 и обѣ двойныя точки M и N. Построить новыя пары соотвѣтственныхъ точекъ.

Задача 18. Въ пучкѣ прямыхъ даны пары прямыхъ a, a_1 и b, b_1 и прямая m. Опредѣлить два пучка, находящихся въ проективномъ соотвѣтствіи, такъ, чтобы m была двойной прямой, а a, a_1 и b, b_1 были двумя парами соотвѣтственныхъ прямыхъ.

Рѣшеніе. Нужно провести черезъ какую-либо точку прямой m двѣ прямыхъ g и g_1 и пересѣчь одной прямой первый пучокъ, а другой второй и т. д.

Задача 19. Въ проективномъ соотвѣтствіи пучковъ прямыхъ съ общимъ центромъ дана пара соотвѣтственныхъ прямыхъ a, a_1 и двѣ двойныя прямыя m и n. Построить новыя пары соотвѣтственныхъ прямыхъ.

Задача 20. Даны три прямыхъ g_1, g_2, g_3 и три точки P_1, P_2, P_3; построить треугольникъ A_1, A_2, A_3, вершины котораго лежатъ на соотвѣтствующихъ трехъ прямыхъ, а стороны A_1A_2, A_2A_3, A_3A_1 проходятъ соотвѣтственно черезъ точки P_1, P_2, P_3.

Рѣшеніе. Выбираемъ на прямой g_1 совершенно произвольно точку A_1, проводимъ черезъ нее прямую A_1P_1, которая пусть пересѣчетъ g_2 въ A_2. Пусть прямая, соединяющая точки A_2P_2, пересѣчетъ g_3 въ A_3 и, наконецъ, линія A_3P_3 пересѣчется съ g_1, въ точкѣ A_1'. Если A_1 будетъ перемѣщаться по ряду точекъ g_1, то точка A_1' опишетъ при этомъ рядъ точекъ, проективно-соотвѣтственный ряду точекъ A_1. Мы опредѣлимъ это проективное соотвѣтствіе, если, кромѣ трехъ положеній одной точки, опредѣлимъ три соотвѣтственныя другой. Если двойныя точки этого соотвѣтствія окажутся дѣйствительными, то каждая изъ нихъ даетъ треугольникъ съ требуемыми свойствами. Обобщить это для n-угольника.

§ 17. Инволюціонное соотвѣтствіе.

Выводъ инволюціоннаго соотвѣтствія.

48. Разсмотримъ еще частный, но чрезвычайно важный случай проективнаго соотвѣтствія на одномъ и томъ же основаніи. Пусть установлено такое соотвѣтствіе для точекъ нѣкоторой прямой и, слѣдовательно, произвольной точкѣ A соотвѣтствуетъ точка A_1. Обозначимъ мы ту же самую точку A черезъ B_1, будемъ разсматривать ее какъ точку второго ряда; тогда ей будетъ соотвѣтствовать точка B, отличная отъ A_1. Спросимъ теперь: можетъ ли B совпасть съ A_1 и можетъ ли это случиться для другихъ паръ соотвѣтственныхъ точекъ.

Отвѣтъ на это даетъ слѣдующая

Теорема 21. Если въ проективномъ соотвѣтствіи на одной прямой совпадаютъ хоть одинъ разъ обѣ соотвѣтственныя какой-нибудь точкѣ, то онѣ совпадаютъ для каждой точки.

Чтобы доказать это, возьмемъ совершенно произвольныя точки A и A_1 и C и C_1 (черт. 29) и пусть B_1 совпадаетъ съ A, а B съ A_1; тремя парами прямыхъ A, B, C, A_1, B_1, C_1 опредѣляется вполнѣ проективное соотвѣтствіе.

Черт. 29.

Тогда, если мы обозначимъ точку C черезъ D_1, то C_1 будетъ соотвѣтствовать подобнымъ же образомъ точка D, такъ какъ

$$\begin{aligned}(ABCD) &= (A_1B_1C_1D_1)\\ &= (BAC_1C)\end{aligned}$$

или по 24 . . . . $=(ABCC_1)$.

Отсюда слѣдуетъ, что точка D совпадаетъ съ C_1. Совершенно такимъ же образомъ можно показать, что любой точкѣ E, F_1 соотвѣтствуетъ одна точка E_1, F. Слѣдовательно, нѣтъ необходимости различать обозначеніемъ оба ряда точекъ, находящіеся въ проективномъ соотвѣтствіи: подъ каждой точкой основанія подразумѣвается только одна опредѣленная точка. Но все основаніе распадается на пары точекъ, и мы можемъ считать точки каждой пары взаимно-соотвѣтственными.

Аналогичныя разсужденія приложимы и къ пучку прямыхъ и плоскостей.

Мы назовемъ проективное соотвѣтствіе, въ которомъ каждому элементу соотвѣтствуетъ другой, двумя способами „инволюціоннымъ" или инволюціей точекъ и соотвѣтственно прямыхъ и плоскостей. Если мы обозначимъ въ черт. 29 точку AB_1 черезъ $\boldsymbol{A}$, точку A_1B черезъ $\boldsymbol{A}_1'$, C и C_1 черезъ $\boldsymbol{B}$ и $\boldsymbol{B}_1$, то только-что проведенное изслѣдованіе покажетъ, что инволюція на прямой вполнѣ опредѣляется двумя парами соотвѣтственныхъ точекъ $\boldsymbol{A}, \boldsymbol{A}'$ и $\boldsymbol{B}, \boldsymbol{B}'$ или вообще

Теорема 22. Инволюція вполнѣ опредѣляется двумя парами соотвѣтственныхъ элементовъ.

Поэтому между тремя парами соотвѣтственныхъ элементовъ инволюціи существуетъ зависимость. Напр.: для инволюціи точекъ существуетъ зависимость между разстояніями, которыя опредѣляются тремя произвольными парами точекъ A, A', B, B', C, C'. Дѣйствительно,

$$(ABA'C') = (A'B'AC);$$

а изъ этого слѣдуетъ

$$AB'.BC'.CA' = -A'B.B'C.C'A$$

или

$$\frac{AB'}{A'B}\cdot\frac{BC'}{B'C}\cdot\frac{CA'}{C'A} = -1.$$

И, обратно, если выполнено это условіе, то изъ него можно заключить о тождествѣ вышеупомянутаго отношенія, и тогда три пары точекъ принадлежатъ одному и тому же инволюціонному соотвѣтствію.

Двойные элементы инволюціи.

49. Существуютъ двойные элементы и въ инволюціонномъ проективномъ соотвѣтствіи. Каждый двойной элементъ можно представить себѣ, какъ пару такихъ элементовъ, которые безконечно близки другъ къ другу. Если двойные элементы дѣйствительны, то инволюція называется гиперболической; если они мнимые,—эллиптической, и, наконецъ,— параболической, когда оба двойныхъ элемента совпадаютъ.

Если M, N двойныя точки инволюціи точекъ, а A, A', B, B' и т. д. пары соотвѣтственныхъ точекъ, то изъ теоремы 20, которая примѣнима и здѣсь, слѣдуетъ

$$(MNAA')=(MNA'A)=\text{const}=k.$$

Но изъ уравненія (3) 24

$$(MNA'A)=\frac{1}{(MNAA')},$$

такъ что

$$(MNAA')^2=1.$$

Отсюда получается значеніе ангармоническаго отношенія $=-1$, такъ какъ значеніе $+1$ здѣсь не имѣетъ мѣста (25 задача, 3); слѣдовательно, $k=-1$ и A и A' дѣлятся гармонически парой точекъ M и N. Точно такъ же, какъ B и B' и т. д. И можно доказать общую

Теорему 23. Инволюція образуется всѣми тѣми парами элементовъ, которыя дѣлятъ гармонически два двойныхъ элемента (дѣйствительныхъ или мнимыхъ).

Если намъ, напримѣръ, дано какихъ-либо двѣ прямыхъ m и n, которыя пересѣкаются въ S, то для каждой произвольной прямой a пучка S можно построить прямую a' такую, что a и a' дѣлятъ гармонически двѣ прямыхъ m и n. Всѣ эти пары прямыхъ a, a' образуютъ инволюцію прямыхъ.

Какая-либо прямая, не проходящая черезъ S, пересѣкаетъ его въ инволюціи точки, и, вообще, изъ инволюціонныхъ формъ помощью операцій проектированія и пересѣченія получаются опять формы, обладающія инволюціонными свойствами.

Если m и n или, общѣе, двойные элементы инволюціи совпадаютъ, то съ этимъ элементомъ постоянно долженъ совпадать одинъ элементъ изъ двухъ каждой пары инволюціи.

Поэтому въ такой параболической (чисто формальнаго характера) инволюціи двойному элементу соотвѣтствуетъ каждый элементъ основанія.

Слѣдуетъ обратить вниманіе на это различіе между параболической инволюціей и параболическимъ проективнымъ соотвѣтствіемъ.

§ 18. Инволюція точекъ.

Различные типы.

50. Если мы имѣемъ инволюцію точекъ на прямой, то безконечно удаленной точкѣ O' ея основанія будетъ соотвѣтствовать точка O. Эта точка O называется центромъ инволюціи. Пусть другія пары соотвѣтственныхъ точекъ—A, A', B, B' и т. д.

Тогда получится соотношеніе

$$(ABOO')=(A'B'O'O),$$

такъ какъ инволюціонное соотвѣтствіе представляетъ только частный случай проективнаго. Вычисляя это выраженіе и замѣчая, что O' лежитъ въ безконечности, получаютъ

$$AO.A'O=BO.B'O.$$

Поэтому это произведеніе, составленное для какихъ-либо двухъ соотвѣтственныхъ точекъ, имѣетъ всегда одно и то же значеніе. Если обозначимъ его черезъ c, то возможны слѣдующіе случаи:

1) c — положительная величина, т. е. можно положить $c=d^2$. Тогда отрѣзки AO и $A'O$, BO и $B'O$ и т. д. должны быть всегда направлены въ одну и ту же сторону, такъ какъ ихъ произведеніе положительно [1]).

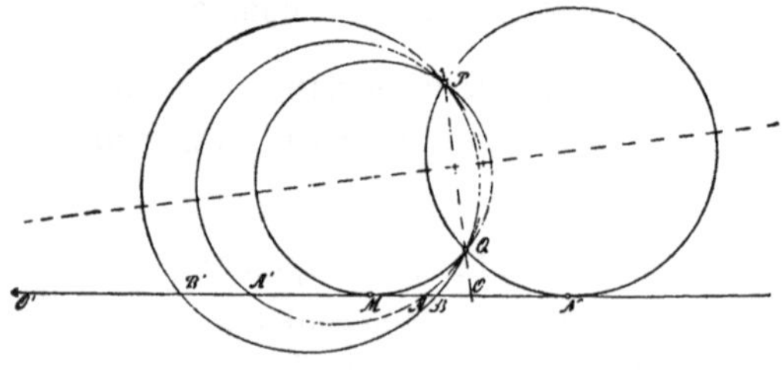

Черт. 30а.

Такимъ образомъ, соотвѣтственныя точки A, A' и т. д. всегда лежатъ по одну и ту же сторону отъ O, обѣ вправо или влѣво отъ центра O (черт. 30а). На разстояніи d вправо и влѣво отъ центра находятся двойныя точки этой гиперболической инволюціи.

2) c — отрицательная величина, такъ что $c=-d^2$. Тогда обѣ соотвѣтственныя точки, какъ A и A' и т. д., постоянно должны лежать по обѣ стороны отъ O, одна вправо, а другая влѣво (черт. 30b). Инволюція не имѣетъ ни одной двойной точки: она эллиптическая.

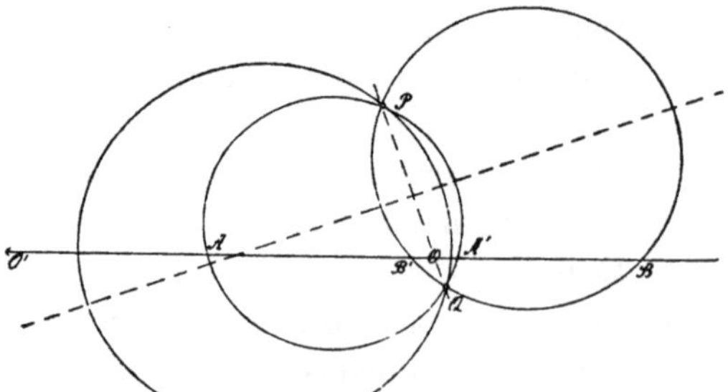

Черт. 30b.

[1]) Мы выбираемъ на основаніи инволюціи одно опредѣленное направленіе за положительное.

3) $c=0$ даетъ промежуточный случай. Если произведеніе $(AO.A'O)$ должно быть постоянно равнымъ нулю, то одна изъ двухъ точекъ A, A' и т. д. должна быть всегда въ O.

Слѣдовательно, каждой точкѣ основанія соотвѣтствуетъ центръ O, и въ немъ совпадаютъ одновременно обѣ двойныя точки. Это параболическая инволюція. Изъ 1) и 2) слѣдуетъ правило: Если обѣ пары точекъ A, A' и B и B' раздѣляютъ другъ друга, то инволюція не имѣетъ ни одной двойной точки (черт. 30b); но если же одинъ изъ отрѣзковъ AA' и BB' лежитъ внутри или внѣ другого, то существуютъ дѣйствительныя двойныя точки (черт. 30a).

Геометрическое образованіе инволюціи точекъ.

51. Намъ даны двѣ пары точекъ инволюціи точекъ (черт. 30a или 30b); проведемъ окружность черезъ произвольную точку P и точки A и A', а также черезъ P и точки B и B'. Обѣ эти окружности пересѣкутся, кромѣ того, въ точкѣ Q. Прямая PQ встрѣчаетъ основаніе инволюціи въ точкѣ O. Всѣ круги, которые проходятъ черезъ P и Q, образуютъ пучекъ круговъ. Если какой-либо изъ этихъ круговъ пересѣчетъ основаніе въ точкахъ C и C', то изъ теоремъ планиметріи слѣдуетъ:

$$OP \,.\, OQ = OA \,.\, OA' = OB \,.\, OB' = OC \,.\, OC'.$$

Такимъ образомъ, пары точекъ, по которымъ пучекъ круговъ пересѣкаетъ основаніе g, образуетъ инволюцію точекъ. O ея центръ. Если пары точекъ A, A', B, B' не раздѣляются, какъ на черт. 30a, то среди круговъ пучка существуютъ два круга, которые касаются основанія. Точки касанія и есть двойныя точки M и N инволюціи. На черт. 30b, гдѣ пары точекъ A, A', B, B' не раздѣляются, не существуетъ двойныхъ точекъ. Обратно: каждый пучекъ круговъ пересѣкается съ какой-либо прямой его плоскости по инволюціи точекъ, которая можетъ принадлежать къ каждому изъ трехъ вышеупомянутыхъ типовъ. Если проведемъ прямую черезъ P или Q, то получимъ на ней параболическую инволюцію, какъ пересѣченіе ея съ пучкомъ круговъ.

§ 19. Инволюція прямыхъ.

Взаимно-перпендикулярная пара прямыхъ инволюціи прямой.

52. То значеніе, которое для метрическаго изслѣдованія инволюціи точекъ имѣлъ ея центръ, принадлежитъ въ инволюціи прямыхъ парѣ взаимно-перпендикулярныхъ прямыхъ. Такая пара существуетъ во всякой инволюціи прямыхъ.

Въ самомъ дѣлѣ, если намъ задана инволюція съ центромъ въ S двумя парами прямыхъ a, a' и b, b', то мы, пересѣкая произвольной прямой g эту инволюцію прямыхъ, получимъ инволюцію точекъ A, A', B, B' (черт. 31a и 31b). Черезъ точки S, A, A', а также и черезъ точки S, B, B' проведемъ круги, которые во второй разъ пересѣкутся въ P.

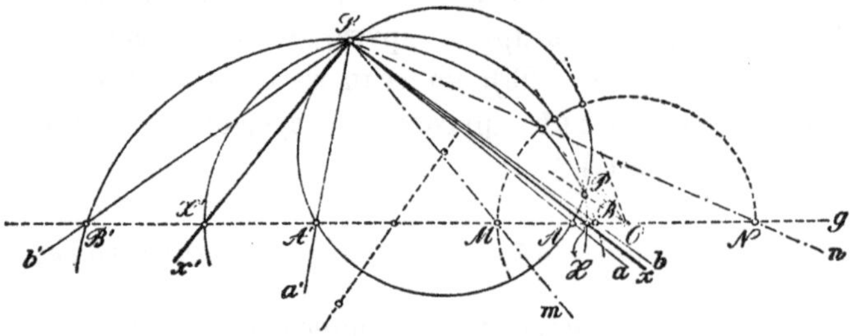

Черт. 31a.

Тогда мы можемъ построить инволюцію точки на g посредствомъ пучка круговъ, проведенныхъ черезъ S и P. Въ этомъ пучкѣ находится кругъ, центръ котораго лежитъ на g. Если такой кругъ встрѣчаетъ прямую g въ точкахъ X и X', то обѣ эти точки проектируются изъ S парой взаимно-перпендикулярныхъ прямыхъ x и x' инволюціи прямыхъ.

Построеніе двойныхъ точекъ M и N инволюціи точекъ на g на черт. 31a требуетъ по 51 предварительнаго опредѣленія касательной къ одному изъ круговъ пучка изъ точки пересѣченія O. Черезъ нихъ про-

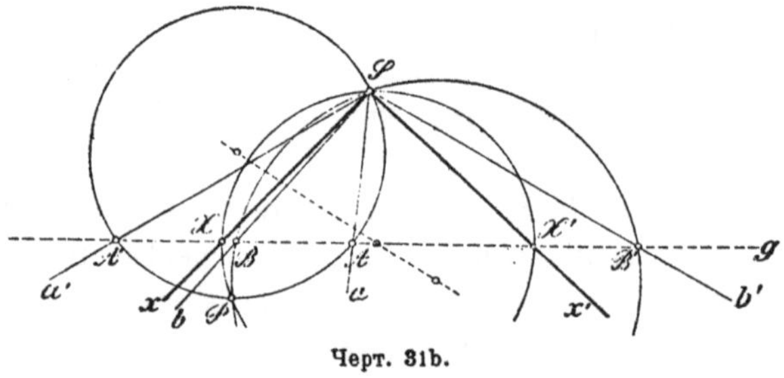

Черт. 31b.

ходятъ двойныя прямыя m и n инволюціи прямой. Прямыя x и x' дѣлятъ пополамъ по задачѣ 6 уголъ, образованный m и n. Существуетъ кромѣ того (задача 10) соотношеніе:

$$\operatorname{tg}(xa) \, . \operatorname{tg}(xa') = \operatorname{tg}(xb) \, . \operatorname{tg}(xb') \ldots = \operatorname{tg}^2(xm) = \operatorname{tg}^2(xn) = \text{const}.$$

Инволюція взаимно-перпендикулярныхъ прямыхъ.

53. Если мы проведемъ въ пучкѣ съ центромъ S прямыя a', b', c' перпендикулярно къ прямымъ a, b, c, то пучки $a, b, c \ldots$, и $a', b', c' \ldots$ будутъ (черт. 32) проективно-соотвѣтственными. Но, сверхъ того, три

взаимно-перпендикулярныя пары aa', bb', cc' находятся также и въ инволюціонномъ соотвѣтствіи. Ибо прямой a', взятой и какъ прямая d, соотвѣтствуетъ опять-таки a, какъ элементъ d'. Эти пары прямыхъ угловъ образуютъ инволюцію прямыхъ, и она называется циклической инволюціей прямыхъ или просто прямоугольной. Само собой разумѣется, она не имѣетъ дѣйствительныхъ двойныхъ прямыхъ.

Двѣ пары взаимно-перпендикулярныхъ прямыхъ a, a' и b, b' достаточны для опредѣленія инволюціи. Пересѣчемъ ихъ прямой g по инволюціи точекъ A, A', B, B' (черт. 32) и проведемъ какой-либо кругъ

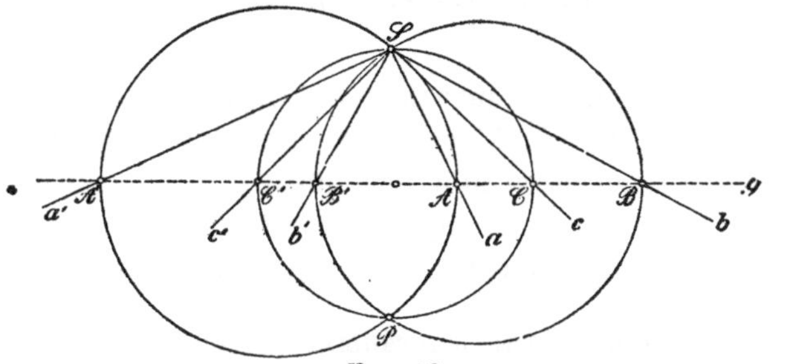

Черт. 32.

черезъ точки S, A, A', а другой черезъ точки S, B, B'. Тогда вторая точка пересѣченія этихъ круговъ симметрична съ S относительно g и центры всѣхъ круговъ пучка круговъ, опредѣленнаго такимъ образомъ, лежатъ на этой прямой. Слѣдовательно, какая-либо прямая c инволюціи перпендикулярна къ соотвѣтственной ей прямой C'. Отсюда слѣдуетъ

Теорема 24. Въ инволюціи прямыхъ всегда существуетъ одна пара взаимно-перпендикулярныхъ соотвѣтственныхъ прямыхъ. И, если въ инволюціи существуютъ двѣ такія пары взаимно-перпендикулярныхъ прямыхъ, то каждая прямая перпендикулярна къ соотвѣтственной ей прямой; это—инволюція прямоугольная.

§ 20. Инволюція въ полномъ четырехугольникѣ и четырехсторонникѣ. Сѣкущія въ треугольникѣ.

Пересѣченіе прямой съ полнымъ четырехугольникомъ.

54. Если намъ данъ полный четырехугольникъ E, F, G, H и какая-либо прямая g, то эта прямая пересѣкаетъ три пары противоположныхъ сторонъ l, l', m, m', n, n' четырехугольника въ трехъ парахъ точекъ L, L', M, M', N, N' (черт. 33), и мы покажемъ, что онѣ находятся въ инволюціи.

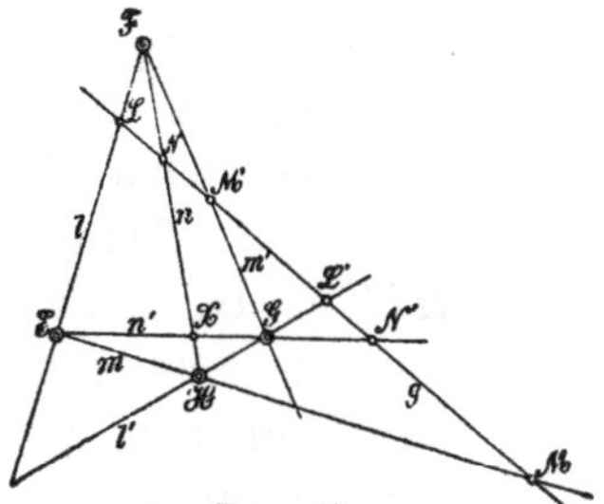

Черт. 33.

Обозначимъ точку пересѣченія сторонъ EG и FH черезъ X и спроектируемъ точки E, X, G, N' на g, сначала изъ точки F, а потомъ изъ H, то получимъ:

$$(EXGN')=(LNM'N')=(MNL'N'),$$

и, слѣдовательно,

$$(LNM'N')=(MNL'N')=(L'N'MN).$$

Этими равенствами устанавливается проективное соотвѣтствіе, въ которомъ точкамъ L, N, M', N' ряда соотвѣтствуютъ точки L', N', M, N; кромѣ того, оно должно быть инволюціоннымъ. такъ какъ точки N и N' соотвѣтствуютъ другъ другу двумя способами (теорема 20, стр. 54). Этимъ доказывается полученная еще Дезаргомъ (1639)

Теорема 25. Три пары противоположныхъ сторонъ полнаго четырехугольника пересѣкаются какой-либо прямой по тремъ парамъ точекъ въ инволюціи.

Если мы сѣкущую прямую въ частности выберемъ такъ, чтобы она прошла черезъ двѣ діагональныя точки полнаго четырехугольника, напр., черезъ L и M (28, черт. 16), то въ каждой изъ точекъ L и M совпадаютъ по двѣ соотвѣтственныхъ точки инволюціи. Слѣдовательно, это и есть двойныя точки инволюціи, а послѣднія двѣ противоположныя стороны даютъ въ пересѣченіи пару точекъ, раздѣляющихъ гармонически точки M и L (49, теор. 23). Такимъ образомъ, мы пришли къ тому же чертежу, изъ котораго мы раньше вывели геометрическое опредѣленіе гармоническихъ точекъ.

Задача 21. Задана инволюція точки на прямой двумя парами точекъ L, L', M, M'; построить для произвольно взятой точки N соотвѣтственную ей N'.

Рѣшеніе. На основаніи теоремы 25, мы построимъ расположенный надлежащимъ образомъ полный четырехугольникъ. Для этого проводимъ черезъ N какую-либо прямую и на ней беремъ двѣ произвольныя точки F и H, а затѣмъ проводимъ прямыя FL, FM', HL', HM. Тогда FL и HM пересѣкутся въ точкѣ E, FM' и HL' въ G, а линія EG при пересѣченіи съ основаніемъ дастъ искомую точку N'. Это построеніе требуетъ только проведенія прямыхъ линій, и, слѣдовательно, задача по своей природѣ носитъ линейный характеръ.

Что касается полнаго четырехсторонника, то можно безъ доказательства (на основанiи закона двойственности) дать

Теорему 26. Три пары противоположныхъ угловъ полнаго четырехсторонника проектируются изъ каждой точки его плоскости тремя парами прямыхъ въ инволюцiи.

Задача 22. Задана инволюцiя двумя парами прямыхъ. Построить, съ помощью одной только линейки, для произвольно взятой прямой ей соотвѣтственную.

Задача 23. Если произвольная прямая g пересѣкаетъ дiагонали LL', MM', NN' полнаго четырехсторонника въ точкахъ X, Y, Z и найдена для X четвертая гармоническая X' по отношенiю къ парѣ L, L' и точно такъ же четвертыя гармоническiя Y', Z' по отношенiю къ парамъ M, M' и N, N', то точки X', Y', Z' лежатъ опять на одной прямой g'.

Для доказательства пересѣкаютъ g съ прямой, соединяющей X' и Y въ точкѣ P, и анализируютъ инволюцiю прямыхъ, по которой проектируются изъ P пары противоположныхъ вершинъ. Если за g взять безконечно-удаленную прямую, то отсюда слѣдуетъ теорема Гаусса: Средины отрѣзковъ LL', MM', NN', образованныя парами противоположныхъ вершинъ полнаго четырехсторонника, лежатъ на одной прямой.

Теоремы о треугольникѣ.

55. Данъ треугольникъ ABC, точка P и прямая p въ его плоскости; проектируемъ изъ P вершины треугольника на стороны треугольника въ точки A_1, B_1, C_1 (черт. 34), а съ другой стороны пусть p пересѣкается съ сторонами треугольника въ точкахъ A', B', C'. На каждой сторонѣ треугольника, слѣдовательно, лежитъ по 4 точки. Проектируемъ ихъ изъ P на сѣкущую p и пусть PA, PB, PC встрѣчаютъ эту прямую въ точкахъ $\mathbf{A}$, $\mathbf{B}$, $\mathbf{C}$; отсюда слѣдуетъ

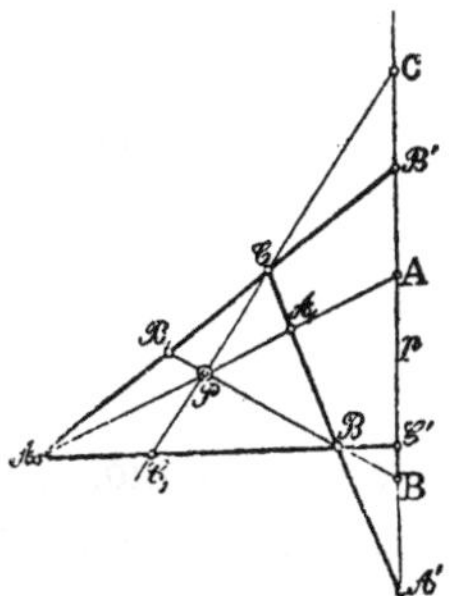

Черт. 34.

$$(ABC_1C') = (\mathbf{ABC}C')$$
$$(BCA_1A') = (\mathbf{BCA}A')$$
$$(CAB_1B') = (\mathbf{CAB}B').$$

Замѣнивъ правыя части полученныхъ ангармоническихъ отношенiй ихъ выраженiями и составивъ произведенiе обѣихъ частей этихъ равенствъ, получимъ:

$$(1) \quad . \; . \; . \; (ABC_1C') \, . \, (BCA_1A') \, . \, (CAB_1B') = -\frac{\mathbf{B}C' \, . \, \mathbf{C}A' \, . \, \mathbf{A}B'}{\mathbf{A}C' \, . \, \mathbf{B}A' \, . \, \mathbf{C}B'}.$$

Но три пары противоположныхъ сторонъ полнаго четырехугольника $ABCP$ пересѣкаются съ p въ точкахъ

$$AA', BB', CC',$$

которыя, слѣдовательно, представляютъ три пары въ инволюціи; слѣдовательно, имѣетъ мѣсто (срав. 48, стр. 8) соотношеніе

$$(2) \quad \ldots\ldots\ldots \quad \frac{AB'.BC'.CA'}{A'B.B'C.C'A} = -1.$$

На основаніи этого (1) принимаетъ видъ:

$$(3) \quad \ldots\ldots \quad (ABC_1C')(BCA_1A')(CAB_1B') = -1.$$

Такова зависимость между тремя ангармоническими отношеніями, при чемъ точка P и прямая p — обѣ могутъ быть взяты совершенно произвольно. Если два изъ этихъ ангармоническихъ отношеній имѣютъ значеніе -1, то и третье будетъ имѣть такое же значеніе; этимъ доказана

Теорема 27. Проектируемъ точку Q изъ вершины треугольника на его стороны и, опредѣляя на каждой сторонѣ четвертую гармоническую къ этой точкѣ относительно обѣихъ вершинъ треугольника, то всѣ эти три точки лежатъ на одной прямой q.

Эта прямая называется гармонической прямой точки Q; обратно, каждой произвольно взятой прямой q соотвѣтствуетъ одна такая точка Q.

56. Перепишемъ уравненіе (3) въ такой формѣ:

$$(4) \quad \ldots\ldots \quad \left(\frac{AC_1.BA_1.CB_1}{BC_1.CA_1.AB_1}\right).\left(\frac{BC'.CA'.AB'}{AC'.B'.ACB'}\right) = -1.$$

Отсюда видно, что первое выраженіе въ скобкахъ зависитъ только отъ положенія точки P, а второе только отъ положенія прямой p. Если возьмемъ за прямую p безконечно-удаленную прямую, то тогда три отношенія $\frac{BC'}{AC'}, \frac{CA'}{BA'}, \frac{AB'}{CB'}$ станутъ равными единицѣ и, слѣдовательно,

$$(5) \quad \ldots\ldots\ldots \quad \frac{AC_1.BA_1.CB_1}{BC_1.CA_1.AB_1} = -1$$

или

$$(5a) \quad \ldots\ldots \quad AC_1.BA_1.CB_1 = -BC_1.AB_1.CA_1.$$

Такимъ образомъ мы получимъ теорему Чевы (1678).

Теорема 28. Если три прямыя, проходящія черезъ какую-нибудь одну и ту-же точку и соотвѣтственно черезъ вершины треугольника A, B, C, встрѣчаютъ противоположныя стороны его въ точкахъ A_1, B_1, C_1, то имѣетъ мѣсто соотношеніе:

$$\frac{AC_1 . BA_1 . CB_1}{BC_1 . CA_1 . AB_1} = -1 .$$

Справедлива также и обратная теорема:

Если три прямыя соединяютъ вершины треугольника A, B, C и точки A_1, B_1, C_1 противоположныхъ сторонъ и, кромѣ того, выполнено равенство (5), то три прямыя AA_1, BB_1, CC_1 пересѣкаются въ одной точкѣ.

Дѣйствительно, проектируемъ точку пересѣченія прямыхъ AA_1 и BB_1 изъ C въ C_1'; тогда прежняя теорема дастъ

$$\frac{AC_1' . BA_1 . CB_1}{BC_1' . C_1A . AB_1} = -1;$$

а это совмѣстно съ (5) даетъ

$$\frac{AC_1}{BC_1} = \frac{AC_1'}{BC_1'}$$

и, слѣдовательно, C_1' должно совпадать съ C_1. Общій знакъ мы найдемъ, опредѣливъ въ уравненіи (5) знакъ каждаго изъ трехъ отдѣльныхъ отношеній.

Наконецъ, (5) совмѣстно съ (4) даетъ

$$(6) \quad . \; . \; . \; . \; . \; . \; . \; . \; . \quad \frac{BC' . CA' . AB'}{AC' . BA' . CB'} = 1 .$$

Это и есть теорема Менелая (100 л. послѣ Р. Х.).

Теорема 29. Если произвольная сѣкущая встрѣчаетъ стороны треугольника ABC въ точкахъ A', B', C', то имѣетъ мѣсто слѣдующее соотношеніе:

$$\frac{BC' . CA' . AB'}{AC' . BA' . CB'} = 1$$

или

$$BC' . CA' . AB' = AC' . BA' . CB'$$

и обратно:

Если на сторонахъ треугольника находятся такія три точки A', B', C', что выполняется равенство (6), то эти точки лежатъ на одной прямой.

Эта обратная теорема доказывается совершенно такъ же, какъ и обратная теорема Чевы.

Задача 24. Доказать, что въ каждомъ треугольникѣ

a) три медіаны

b) бисектриса

c) и три высоты

пересѣкаются въ одной точкѣ.

Задача 25. Описанъ кругъ около треугольника ABC и пересѣченіемъ касательныхъ къ кругу въ вершинахъ треугольника съ противоположными сторонами получены три точки. Доказать, что онѣ лежатъ на одной прямой (прямая Лемуана).

ГЛАВА V.

Образованіе коническихъ сѣченій помощью двухъ проективно-соотвѣтственныхъ основныхъ формъ одного измѣренія.

§ 21. Геометрическое мѣсто пересѣченія двухъ проективно-соотвѣтственныхъ пучковъ прямыхъ, лежащихъ въ одной плоскости.

Образованіе новыхъ геометрическихъ формъ.

57. До сихъ поръ мы занимались приведеніемъ однородныхъ основныхъ формъ въ проективное соотвѣтствіе другъ съ другомъ или самихъ съ собой и изслѣдованіемъ свойствъ такого соотвѣтствія. Но не въ этомъ заключается наша конечная цѣль: мы намѣрены воспользоваться проективно-соотвѣтственными формами одного измѣренія для того, чтобы получить помощью ихъ новыя геометрическія формы. Въ двухъ проективно-соотвѣтственныхъ основныхъ формахъ каждый отдѣльный элементъ одной образуетъ съ элементомъ другой пару соотвѣтственныхъ другъ другу элементовъ. Такая пара можетъ опредѣлить посредствомъ операцій проектированія или пересѣченія новый элементъ, и, слѣдовательно, обѣ проективно-соотвѣтственныя основныя формы, т. е. все безконечное количество паръ соотвѣтственныхъ элементовъ, опредѣляютъ безконечно-большое количество новыхъ элементовъ, т. е. новую геометрическую форму, которая будетъ образована помощью двухъ проективно-соотвѣтственныхъ основныхъ формъ.

Если мы имѣемъ, напримѣръ, два проективно-соотвѣтственныхъ пучка прямыхъ, лежащихъ въ одной плоскости, то можно каждую прямую одного пучка пересѣчь соотвѣтствующей ей прямой другого; выполняя такое построеніе, мы получимъ отдѣльныя точки, и совокупность ихъ будетъ тѣмъ ближе къ непрерывной линіи, къ „кривой", чѣмъ больше соотвѣтственныхъ паръ мы возьмемъ и чѣмъ меньше будетъ уголъ между сосѣдними прямыми одного и того же пучка прямыхъ.

Но два проективно-соотвѣтственные пучка, лежащіе какъ угодно въ пространствѣ, не „образуютъ" новой формы, такъ какъ двѣ прямыя въ пространствѣ не опредѣляютъ новаго элемента.

Если мы имѣемъ два проективно-соотвѣтственные ряда точекъ, то можно каждую точку одного соединить съ соотвѣтствующей ей точкой въ другомъ, и мы получимъ въ результатѣ совокупность безконечно-большого количества прямыхъ. Это возможно независимо отъ того, лежатъ ли ряды точекъ въ одной плоскости, или они расположены какъ угодно въ пространствѣ. Полученныя геометрическія формы, конечно, въ обоихъ случаяхъ совершенно различны, такъ какъ въ первомъ случаѣ всѣ прямыя, соединяющія соотвѣтственныя точки, лежатъ въ одной плоскости, а во второмъ случаѣ онѣ образуютъ пространственную фигуру. Такимъ путемъ можно образовать новыя геометрическія формы, и эти формы какъ разъ самыя простыя и самыя важныя въ геометріи, а именно—тѣ же самыя, къ которымъ приводятъ и другіе математическіе методы изслѣдованія. Раньше всего приступимъ къ изученію результата пересѣченія соотвѣтственныхъ паръ проективныхъ пучковъ прямыхъ, лежащихъ въ одной плоскости. Это, какъ уже упомянуто,—кривая. Поэтому мы должны предпослать нѣкоторыя замѣчанія, относящіяся къ этому предмету.

Порядокъ и классъ кривой.

58. Подъ „плоской кривой" или просто „кривой" мы подразумѣваемъ непрерывную линію, отдѣльныя точки которой, лежащія всѣ въ одной плоскости, опредѣляются по извѣстному математическому закону [1]).

Въ геометріи, основанной на вычисленіи (аналитической), классифицируютъ кривыя по природѣ уравненій, которыми онѣ опредѣлены. Эти уравненія могутъ быть даны въ видѣ „трансцендентной" зависимости перемѣнныхъ—кривая, опредѣляемая такимъ уравненіемъ, получаетъ названіе „трансцендентной"; если же эта зависимость „алгебраическая", то уравненіе приведетъ къ „алгебраической" кривой. Задача опредѣленія точекъ пересѣченія данной кривой какой-нибудь прямой приводитъ къ уравненію съ однимъ перемѣннымъ, и корни этого уравненія, если они дѣйствительны, даютъ геометрически дѣйствительныя точки пересѣченія прямой съ кривой; мнимымъ же корнямъ геометрически не соотвѣтствуетъ никакихъ дѣйствительно существующихъ точекъ пересѣченія. Если уравненіе кривой трансцендентно, то, говоря вообще, мы получаемъ на прямой безконечно-большое количество точекъ пересѣченія съ кривой, такъ какъ уравненіе, опредѣляющее точки пересѣченія, будетъ тогда трансцендентнымъ. Если же мы имѣемъ алгебраическое уравненіе кривой степени n (въ которомъ, значитъ, сумма показателей при x и y ни въ какомъ членѣ не превосходитъ n, но, по крайней мѣрѣ, въ одномъ достигаетъ этого числа), то степень уравненія, которымъ опредѣляются, напримѣръ, абсциссы точекъ пересѣченія этой кривой съ прямой и которое тоже алгебраическое, будетъ равна n. Это число n мы назовемъ „порядкомъ кривой", не обращая вниманія на то, всѣ ли корни послѣдняго уравненія

[1]) Мы не можемъ привести здѣсь болѣе точнаго, въ отдѣльныхъ частяхъ труднаго опредѣленія, которое можетъ дать только анализъ.

дѣйствительны, или между ними имѣются пары мнимыхъ сопряженныхъ. Понятно, что число дѣйствительныхъ точекъ пересѣченія произвольной прямой съ такой кривой n-аго порядка, достигая при нѣкоторыхъ положеніяхъ произвольной прямой числа n, никогда не можетъ быть больше этого числа. Число дѣйствительныхъ точекъ пересѣченія съ прямой не должно также непремѣнно дойти до n. Можетъ случиться, что произвольная прямая даетъ только $n-2$, $n-4$ и т. д. дѣйствительныхъ точекъ пересѣченія съ кривой n-аго порядка, т. е. $2, 4, \ldots$, точки будутъ при всякомъ сѣченіи мнимыми.

Чтобы составить себѣ понятіе о касательной къ кривой, положимъ, что P — одна точка кривой, а P_1 — другая ея точка. Представимъ себѣ далѣе, что точка P_1 движется по кривой по направленію къ точкѣ P. Мы всегда можемъ при этомъ начертить прямую PP_1, соединяющую эти двѣ точки. По мѣрѣ того, какъ P_1 приближается къ P, прямая PP_1 все болѣе приближается къ предѣльному положенію — положенію касательной къ кривой въ точкѣ P, — котораго она достигнетъ при совпаденіи P_1 съ P. Дифференціальное исчисленіе показываетъ, какъ найти вычисленіемъ эту касательную, коль скоро функція, геометрическимъ изображеніемъ которой является данная кривая, удовлетворяетъ необходимымъ условіямъ. Такимъ образомъ, кривая опредѣляетъ также безконечно-большое количество прямыхъ, ея касательныхъ. Каждая касательная касается кривой въ „точкѣ касанія“.

Если, обратно, дана непрерывная послѣдовательность безконечно-большого количества прямыхъ, то и этимъ опредѣляется кривая, которая „огибается“ этими прямыми, какъ ея касательными (черт. 35). Если одну изъ прямыхъ, напримѣръ t, будемъ считать неподвижной и будемъ выбирать другую t_1, составляющую съ t все меньшій уголъ, то точка пересѣченія t и t_1 будетъ все болѣе приближаться къ нѣкоторой опредѣленной точкѣ на t, которой она достигнетъ, когда t_1 сольется съ t. Эта точка и есть точка касанія T прямой t съ огибаемой кривой. Такимъ образомъ, въ касательной t (съ точкой касанія T) совмѣстились двѣ изъ касательныхъ къ кривой. Задача — опредѣлить касательныя къ алгебраической кривой, проходящія черезъ произвольную точку P въ плоскости кривой (черт. 35), — приводитъ, если рѣшать ее вычисленіемъ, къ нѣкоторому алгебраическому уравненію съ однимъ перемѣннымъ. Степень этого уравненія называютъ „классомъ“ кривой и называютъ ее такъ въ чисто аналитическомъ смыслѣ, независимо отъ того, дѣйствительны ли эти касательныя, или нѣтъ. Это число

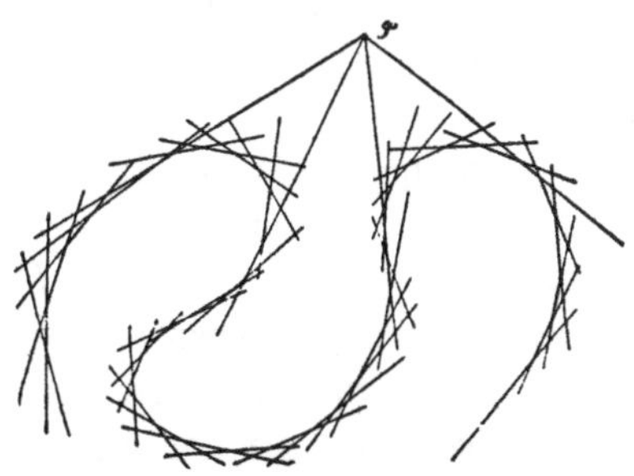

Черт. 35.

есть верхній предѣлъ для числа дѣйствительныхъ касательныхъ къ кривой, проходящихъ черезъ одну точку. Такимъ образомъ, къ кривой ν-таго класса не можетъ быть проведено изъ какой-нибудь точки болѣе ν дѣйствительныхъ касательныхъ.

Кривая второго порядка.

59. Разсмотримъ теперь кривую, образованную при помощи двухъ проективно-соотвѣтственныхъ пучковъ прямыхъ, лежащихъ въ той же плоскости. Пусть проективное соотвѣтствіе между ними установлено посредствомъ 3-хъ паръ соотвѣтственныхъ прямыхъ a, a_1, b, b_1, c, c_1, которыя соотвѣтственно пересѣкаются въ точкахъ $\mathfrak{A}, \mathfrak{B}, \mathfrak{C}$ (черт. 36) [1]). Чтобы найти другія точки кривой, образуемой пучками, мы строимъ еще

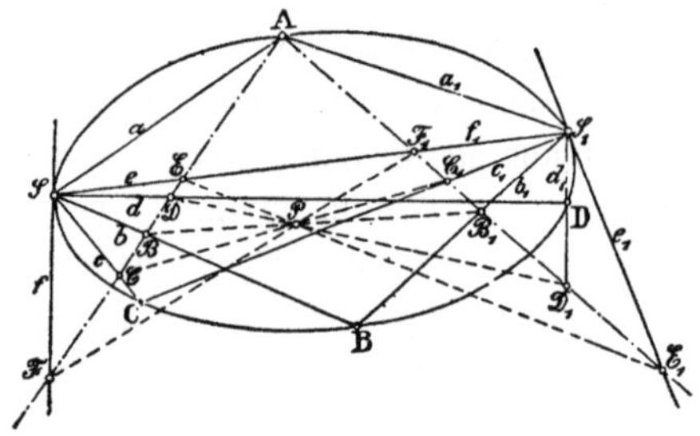

Черт. 36.

другія соотвѣтственныя прямыя обоихъ пучковъ по методу, данному въ 33 (черт. 23). Выберемъ двѣ произвольныхъ прямыхъ g и g_1, проходящихъ черезъ $\mathfrak{A}$, и пусть g пересѣкается съ a, b, c, въ точкахъ A, B, C, а g_1 съ a_1, b_1, c_1,—въ точкахъ A_1, B_1, C_1; тогда прямыя BB_1 и CC_1 даютъ въ пересѣченіи центръ перспективы P для рядовъ точекъ на g и g_1.

Для произвольной прямой d пучка S мы находимъ соотвѣтственную d_1 въ пучкѣ S_1 согласно тому свойству проективнаго соотвѣтствія, по которому точка пересѣченія D прямыхъ d и g точка пересѣченія D_1 прямыхъ d_1 и g_1 должны лежать на одной прямой, проходящей черезъ P. Прямыя d и d_1 пересѣкаются въ новой точкѣ $\mathfrak{D}$, образуемой пучками кривой, которую мы для краткости обозначимъ черезъ k^2; мы можемъ, такимъ образомъ, построить сколько-угодно точекъ этой кривой.

Мы утверждаемъ теперь, что и центры пучковъ S и S_1 лежатъ на k^2. Въ самомъ дѣлѣ, если мы будемъ разсматривать прямую SS_1,

[1]) Читатель, какъ всегда, долженъ самъ выполнить чертежъ.

какъ принадлежащую пучку S, и обозначимъ ее поэтому черезъ e, то ей будетъ соотвѣтствовать имѣющаяся на чертежѣ линія e_1, и тогда S_1 окажется точкой пересѣченія соотвѣтственныхъ прямыхъ e и e_1; значитъ, S_1 лежитъ на образуемой кривой. Точно такъ же можно разсматривать SS_1, какъ прямую пучка S_1, т. е. какъ прямую f_1, которой соотвѣтствуетъ также имѣющаяся на чертежѣ прямая f. S окажется на сей разъ точкой пересѣченія соотвѣтственныхъ прямыхъ f и f_1, слѣдовательно, и S также лежитъ на k^2.

Затѣмъ, кривая k^2—кривая 2-го порядка, т. е. произвольная прямая l пересѣкаетъ ее, говоря вообще, въ двухъ точкахъ. Чтобы доказать это, построимъ на отдѣльномъ, новомъ чертежѣ точки пересѣченія A, B, C прямой l съ прямыми a, b, c и точки A_1, B_1, C_1 прямой l съ a_1, b_1, c_1. Если мы пересѣчемъ оба проективно-соотвѣтственныхъ пучка S и S_1 прямой l, то ряды точекъ $A, B, C, \ldots$ и $A_1, B_1, C_1, \ldots$, образующіеся пересѣченіемъ на l, также проективно-соотвѣтственны. Если M—двойная точка этихъ двухъ рядовъ точекъ, то въ ней пересѣкаются соотвѣтственныя прямыя SM и S_1M обоихъ пучковъ; слѣдовательно, такая двойная точка лежитъ на k^2. Съ другой стороны, точка пересѣченія l съ k^2 непремѣнно должна быть двойной точкой обоихъ рядовъ точекъ. Отсюда слѣдуетъ, что прямая l можетъ имѣть столько точекъ пересѣченія съ кривой k^2, сколько можетъ быть двойныхъ точекъ у двухъ проективно-соотвѣтственныхъ рядовъ точекъ на одномъ основаніи, т. е. только двѣ, которыя, конечно, могутъ быть дѣйствительными, мнимыми или совпадающими. Значитъ, кривая k^2—2-го порядка. Мы будемъ ее также называть „рядомъ точекъ 2-го порядка". Способъ для построенія точекъ пересѣченія на l будетъ данъ позже въ видѣ задачи 26 (стр. 77).

Вернемся опять къ черт. 36. Всякая прямая, проходящая черезъ S, какъ, напр., d, имѣетъ, кромѣ точки S, еще одну общую точку съ k^2, и это какъ разъ та точка D, въ которой d пересѣкается соотвѣтственной прямой d_1. Что же касается прямой f, то видимъ, что она пересѣкается соотвѣтственной прямой f_1 опять въ точкѣ S; такимъ образомъ, обѣ точки пересѣченія прямой f съ k^2 совпадаютъ въ одной точкѣ S; слѣдовательно, f есть касательная къ кривой k^2 въ точкѣ S. Точно такъ же можно убѣдиться, что прямая e_1 касается k^2 въ точкѣ S_1.

Принимая все это во вниманіе, мы приходимъ къ слѣдующей теоремѣ:

Теорема 30. Геометрическое мѣсто точекъ пересѣченія соотвѣтственныхъ прямыхъ двухъ проективно-соотвѣтственныхъ пучковъ, находящихся въ одной и той-же плоскости, представляетъ собой кривую 2-го порядка, которая проходитъ и черезъ центры пучковъ и въ нихъ касается прямыхъ, соотвѣтствующихъ въ томъ и другомъ пучкѣ прямой, соединяющей центры.

Дальнѣйшія теоремы о кривой 2-го порядка.

60. Точки S и S_1 занимали до сихъ поръ исключительное положеніе сравнительно съ другими точками k^2. Тѣмъ не менѣе онѣ не играютъ на этой кривой никакой особенной роли, и мы можемъ, какъ это будетъ сейчасъ доказано, принять за центры проективно-соотвѣтственныхъ пучковъ, образующихъ кривую k^2, двѣ произвольныя точки на этой кривой.

Положимъ опять (черт. 37), что оба проективно-соотвѣтственныхъ пучка прямыхъ S и S_1 заданы посредствомъ трехъ паръ соотвѣтствен-

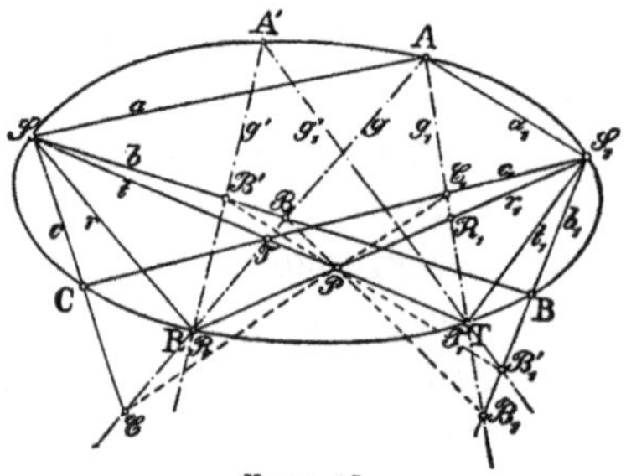

Черт. 37.

ныхъ прямыхъ a, a_1, b, b_1, c, c_1, которыя даютъ въ пересѣченіи точки **A**, **B**, **C**; положимъ, затѣмъ, что черезъ **A** проведены вспомогательныя прямыя g и g_1 и что построенъ центръ перспективы P рядовъ точекъ на g и g_1. Если проведемъ теперь прямую SP, то точка пересѣченія **T** прямой SP съ q_1—точка кривой k^2, какъ и точка **R**, въ которой g пересѣкается прямой S_1P. Справедливость этихъ утвержденій становится очевидной, когда мы замѣтимъ, что прямыя S**T** и S_1**T**, равно какъ и прямыя S**R** и S_1**R**, согласно нашему построенію,—соотвѣтственныя прямыя t, t_1 и r, r_1, какъ соединяющія соотвѣтственныя точки **T** и **R** съ центрами S и S_1.—Мы получимъ, такимъ образомъ, то же самое проективное соотвѣтствіе между пучками S и S_1, а слѣдовательно, и ту же кривую k^2, если, вмѣсто паръ прямыхъ a, a_1, b, b_1, c, c_1, будемъ исходить изъ паръ прямыхъ b, b_1, t, t_1, r, r_1.

Предположимъ теперь, что мы построили кривую k^2 помощью проективно-соотвѣтственныхъ пучковъ S и S_1. Возьмемъ на ней произвольно три точки **B**, **T**, **R** и обозначимъ прямыя пучковъ S и S_1, пересѣкающіяся въ этихъ точкахъ, соотвѣтственно черезъ b, b_1, t, t_1, r, r_1; поставимъ себѣ задачу—построить снова чертежъ 37, т. е. найти двѣ прямыхъ g и g_1, которыми пользовались для построенія проективно-соотвѣтственныхъ элементовъ. Проводимъ прямыя S**T** и S_1**R** и въ пересѣченіи получаемъ точку P. Проведемъ теперь черезъ P какую-нибудь прямую, пересѣкающую прямыя b и b_1 соотвѣтственно въ точкахъ B' и B_1'. Построимъ точку пересѣченіи A' прямыхъ RB' и TB_1'. Если обозначимъ прямыя RA' и TA' черезъ g' и g_1', то мы можемъ, пользуясь точкой P, какъ центромъ перспективы, строить проективно-соотвѣтственныя пары прямыхъ, и полученное проективное соотвѣтствіе не будетъ ничѣмъ отличаться отъ того, которое послужило намъ для построенія кривой, такъ какъ новое соотвѣтствіе имѣетъ съ прежнимъ три общихъ пары соотвѣтственныхъ прямыхъ b, b_1, t, t_1, r, r_1. Въ такомъ случаѣ и въ A', пересѣкаются соотвѣтственныя прямыя данныхъ проективно-соотвѣтственныхъ пучковъ, т. е. и A' лежитъ на кривой k^2.

Но прямая, проведенная черезъ P и пересѣкающая b и b_1 въ точкахъ B' и B_1', была нами взята совершенно произвольно. Если положимъ, что эта прямая вращается вокругъ точки P, то точки B' и B_1' опишутъ на b и b_1 перспективные другъ къ другу ряды точекъ. Прямыя RB' и TB'_1, которыя проектируютъ эти ряды точекъ изъ R и T, будутъ описывать проективно-соотвѣтственные пучки прямыхъ, и соотвѣтственныя прямыя этихъ пучковъ будутъ пересѣкаться въ точкахъ A' кривой k^2. Слѣдовательно, соединяя точки A' кривой съ точками R и T прямыми, получимъ два проективно-соотвѣтственные пучка, или, согласно принятой терминологіи, точки A' проектируются изъ точекъ R и T по двумъ проективно-соотвѣтственнымъ пучкамъ.

Затѣмъ, вычисленіе показываетъ, что кривая, образуемая проективно-соотвѣтственными пучками прямыхъ,— самая общая кривая 2-го порядка. Мы получимъ, такимъ образомъ, слѣдующую теорему:

Теорема 31. Точки кривой 2-го порядка проектируются изъ двухъ ея произвольныхъ точекъ по двумъ проективно-соотвѣтственнымъ пучкамъ.

Дополненіе 1. Такъ какъ въ центрахъ пучковъ S и S_1 мы, согласно 59, могли построить касательныя къ кривой 2-го порядка, то, на основаніи только-что сказаннаго, мы можемъ построить касательную къ кривой въ любой ея точкѣ, стоитъ только принять ее за центръ одного изъ пучковъ, образующихъ кривую.

Дополненіе 2. Кругъ—также кривая 2-го порядка и обладаетъ свойствомъ (44), которое формулировано въ теоремѣ 31 и которымъ мы, кромѣ того, воспользовались при Штейнеровскомъ построеніи (45). Но такъ какъ это построеніе предполагаетъ только такое свойство, то мы могли бы вмѣсто круга взять любую кривую 2-го порядка.

Опредѣленіе кривой второго порядка.

61. Изъ способа образованія кривой 2-го порядка посредствомъ проективно-соотвѣтственныхъ пучковъ можно заключить безъ труда, что существуетъ только одна такая кривая, которая проходила бы черезъ

данныя пять точекъ 1, 2, 3, 4, 5, расположенныхъ какъ угодно въ плоскости. Въ самомъ дѣлѣ, возьмемъ, напримѣръ, точки 1 и 2 за центры пучковъ,—прямыя 13, 14, 15, должны соотвѣтствовать по порядку прямымъ 23, 24, 25, чѣмъ и устанавливается проективное соотвѣтствіе между пучками. Пучки 1 и 2 образуютъ, такимъ образомъ, кривую 2-го порядка, проходящую черезъ данныя пять точекъ. Другой такой кривой не можетъ быть, такъ какъ, если бы она существовала, то она должна была бы быть проектированной изъ 1 и 2 проективными пучками, и это проективное соотвѣтствіе необходимо должно совпасть съ только-что опредѣленнымъ, потому что въ томъ и другомъ находятся три общихъ пары соотвѣтственныхъ прямыхъ. Отсюда слѣдуетъ

Теорема 32. Черезъ пять произвольныхъ точекъ на плоскости проходитъ одна и только одна кривая 2-го порядка.

Если бы три изъ данныхъ пяти точекъ, напр., точки 3, 4, 5, лежали на одной прямой p, то пучки прямыхъ 1 и 2 были бы перспективны и прямая p была бы осью перспективы. Пересѣченіе соотвѣтственныхъ пря-

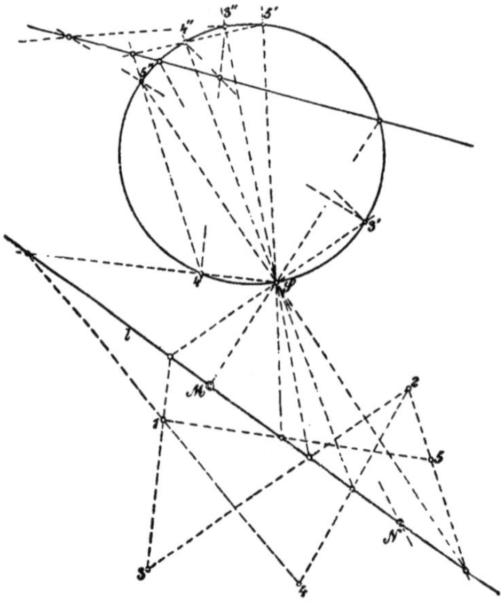

Черт. 38.

мыхъ этихъ перспективныхъ пучковъ 1 и 2 состояло бы тогда изъ прямой p, такъ какъ соотвѣтственныя прямыя будутъ всегда пересѣкаться на этой прямой. Но и прямая 12, соединяющая центры пучковъ, принадлежала бы тогда къ этому геометрическому мѣсту: въ ней совпадаютъ на всемъ своемъ протяженіи двѣ соотвѣтственныя прямыя перспективныхъ пучковъ, такъ что на каждую точку этой прямой можно смотрѣть, какъ на точку пересѣченія этихъ двухъ соотвѣтственныхъ прямыхъ. При перспективныхъ пучкахъ геометрическое мѣсто состоитъ, такимъ образомъ, изъ двухъ прямыхъ линій; кривая 2-го порядка, какъ говорятъ, разлагается на двѣ прямыя, т. е. на двѣ кривыя 1-го порядка.

Задача 26. Дана кривая 2-го порядка посредствомъ ея пяти точекъ 1, 2, 3, 4, 5; построить точки пересѣченія этой кривой съ прямой l.

Рѣшеніе. Слѣдуемъ данному въ 59 ходу разсужденій. Точки 1 и 2 принимаются за центры пучковъ, образующихъ кривую (черт. 38); ряды точекъ, въ которыхъ данная прямая l пересѣкается этими пучками, мы проектируемъ изъ S на начерченный вспомогательный кругъ. Штейнеровское построеніе даетъ тогда искомыя точки пересѣченія M и N.

Задача 27. Провести касательныя къ кривой 2-го порядка въ точкахъ 1 и 4.

Рѣшеніе. См. дополненіе 1 къ 60.

§ 22. Теорема Паскаля.

Противоположныя стороны шестиугольника.

62. Изъ какихъ-либо шести точекъ на плоскости можно составить шестиугольники весьма различными способами. Если мы распредѣлимъ цыфры 1, 2, 3, 4, 5, 6 въ какомъ-нибудь порядкѣ между шестью точками, то этимъ опредѣляется шестиугольникъ 123456, вершины котораго слѣдуютъ въ порядкѣ цыфръ. Въ такомъ шестиугольникѣ, стороны котораго могутъ, помимо вершинъ, пересѣкаться совершенно произвольно, можно составить три пары сторонъ, именно: стороны 12, 45, 23 и 56, 34 и 61. Двѣ стороны такой пары, между которыми всегда расположены четыре стороны шестиугольника, мы называемъ „противоположными". Если 12 и 45 пересѣкаются въ точкѣ X, 23 и 56—въ точкѣ Y, а 34 и 61—въ точкѣ Z, то X, Y и Z будутъ точками пересѣченія противоположныхъ сторонъ, и можно получить эти три точки при любомъ порядкѣ цыфръ.

Шестиугольникъ, вписанный въ кривую 2-го порядка.

63. Разсмотримъ теперь на черт. 37 шестиугольникъ изъ шести лежащихъ на кривой k^2 точекъ $ATSBS_1R$, который мы при этомъ порядкѣ вершинъ обозначимъ черезъ 123456. Противоположными сторонами въ немъ будутъ: AT и BS_1, TS и S_1R, SB и RA. Точки пересѣченія этихъ

противоположныхъ сторонъ—соотвѣтственно B_1, P и B и, согласно чертежу, эти три точки лежатъ на одной прямой. Благодаря этому свойству мы находили другія точки A'... кривой k^2. Но можно смотрѣть на шесть точекъ A, T,.... R, какъ на шесть произвольныхъ точекъ кривой 2-го порядка. Если иначе распредѣлить между ними цыфры, то можно было бы принять за центры пучковъ, образующихъ кривую, тѣ точки, которыя теперь обозначены цыфрами 3 и 5, а точки 2 и 6 могли бы играть роль точекъ R и T и т. д. Мы получимъ тогда новый шестиугольникъ, но и въ немъ точки пересѣченія противоположныхъ сторонъ должны лежать на одной прямой. Отсюда слѣдуетъ:

Теорема 33. Если изъ шести точекъ, заданныхъ произвольно на кривой 2-го порядка, какимъ-нибудь образомъ составленъ шестиугольникъ, то три точки пересѣченія противоположныхъ сторонъ этого шестиугольника лежатъ на одной прямой.

Это весьма важная теорема Паскаля, которую онъ обнародовалъ въ 1640 году, имѣя отъ роду только 16 лѣтъ. Такой шестиугольникъ, въ которомъ точки пересѣченія противоположныхъ сторонъ лежатъ на одной прямой, называется въ честь его шестиугольникомъ Паскаля, а сама прямая—прямой Паскаля (L. P.).

Затѣмъ, такъ какъ, далѣе, при данномъ въ 60 построеніи точекъ A',...., которыя получаются для различныхъ положеній проходящей черезъ P прямой, всегда лежатъ на кривой 2-го порядка k^2, то отсюда слѣдуетъ

Теорема 34. Если въ составленномъ какимъ-нибудь образомъ шестиугольникѣ точки пересѣченія противоположныхъ сторонъ лежатъ на одной прямой, то шесть вершинъ шестиугольника лежатъ на одной кривой 2-го порядка.

Такимъ образомъ, кривая второго порядка, опредѣляемая 5-ю вершинами шестиугольника, должна непремѣнно пройти и черезъ послѣднюю его вершину. Слѣдовательно, шестиугольникъ Паскаля всегда вписанъ въ кривую 2-го порядка. Затѣмъ, если данныя шесть точекъ, взятыя въ какомъ-нибудь опредѣленномъ порядкѣ, образуютъ шестиугольникъ, у котораго точки пересѣченія его противоположныхъ сторонъ лежатъ на одной прямой, то въ какомъ бы порядкѣ мы ни взяли эти точки, полученный шестиугольникъ также обладаетъ этимъ свойствомъ.

Частные случаи теоремы Паскаля.

64. Изъ теоремы Паскаля можно вывести еще новыя частныя теоремы. Представимъ себѣ, что вершина 2 шестиугольника, вписаннаго въ кривую, двигаясь по кривой, все болѣе приближается къ вершинѣ 1, такъ

что, наконецъ, совпадаетъ съ ней; мы получаемъ такимъ образомъ только пятиугольникъ, но за прямую, соединяющую 1 и 2, мы должны считать касательную въ 1. Какъ въ этомъ случаѣ видоизмѣнится теорема Паскаля, можно видѣть изъ черт. 39а.

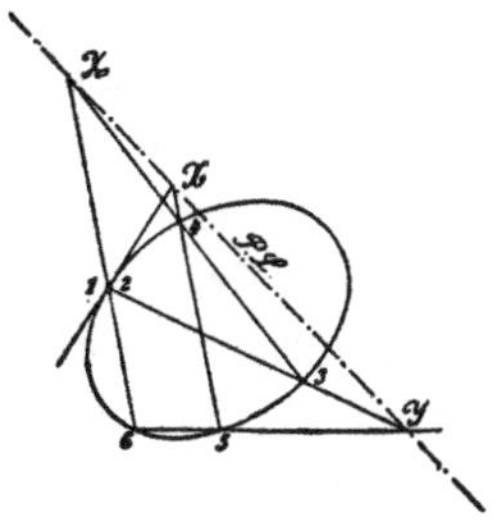

Черт. 39a.

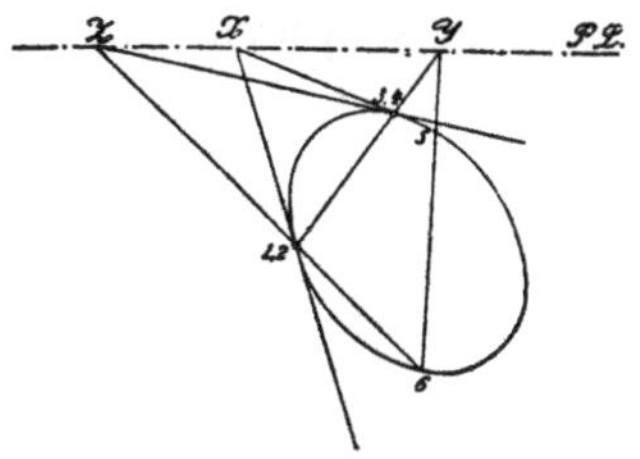

Черт. 39b.

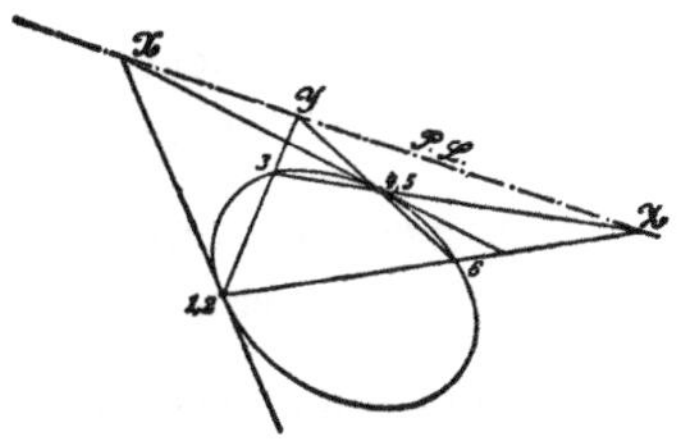

Черт. 39c.

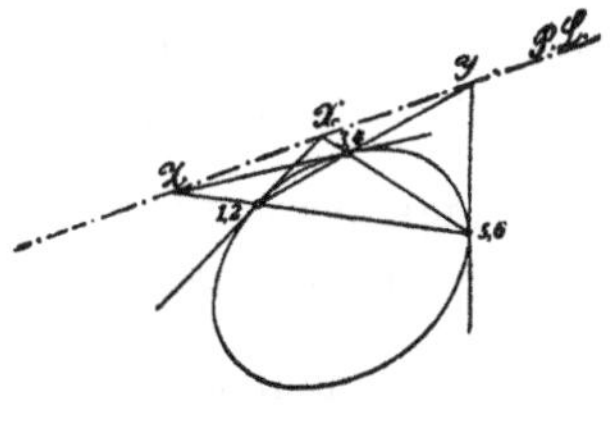

Черт. 39d.

Мы можемъ точно такъ же вообразить, что совпали двѣ пары вершинъ шестиугольника, а получаемъ отсюда двѣ теоремы, изображенныя на черт. 39b, 39c.

Если, наконецъ, совпадутъ 3 пары вершинъ, то мы получимъ слѣдующую теорему, представленную на черт. 39d:

Теорема 35. Если въ кривую 2 порядка вписанъ треугольникъ, то точки пересѣченія каждой стороны этого треугольника съ касательной въ противоположной вершинѣ лежатъ на одной прямой.

Примѣненія теоремы Паскаля.

65. Выводъ теоремы Паскаля даетъ намъ также новый болѣе удобный способъ для построенія, посредствомъ котораго можно найти соотвѣтственныя прямыя въ проективно-соотвѣтственныхъ пучкахъ прямыхъ, образующихъ кривую 2-го порядка. Затѣмъ, этой теоремой можно также пользоваться для построенія новыхъ точекъ такой кривой, разъ она опредѣлена какимъ-нибудь образомъ, напр., 5-ю ея точками. Мы даемъ здѣсь двѣ задачи 1-го порядка, рѣшеніе которыхъ получается съ помощью теоремы Паскаля.

Задача 28. Даны 5 точекъ кривой 2-го порядка и прямая, проходящая черезъ одну изъ нихъ. Требуется построить вторую точку пересѣченія этой прямой съ кривой 2-го порядка.

Рѣшеніе. Обозначимъ (черт. 40) точку, черезъ которую проходитъ данная прямая l, черезъ 1, а вторую искомую точку черезъ 2, такъ что прямая l будетъ стороной 12; а остальныя данныя точки обозначимъ черезъ 3, 4, 5, 6. Шестиугольникъ, который искомая точка 2 образуетъ съ данными, будетъ шестиугольникомъ Паскаля. Мы можемъ построить прямую Паскаля (P. L.) какъ прямую, соединяющую точки X и Z, гдѣ X— точка пересѣченія прямой 12 съ 45, а Z—точка пересѣченія прямыхъ 34 и 61. На ней ($P. L.$) должны пересѣкаться прямыя 23 и 56. Послѣдняя прямая пересѣчетъ ($P. L.$) въ точкѣ Y, а прямая $3Y$ пересѣкаетъ l въ искомой точкѣ 2.

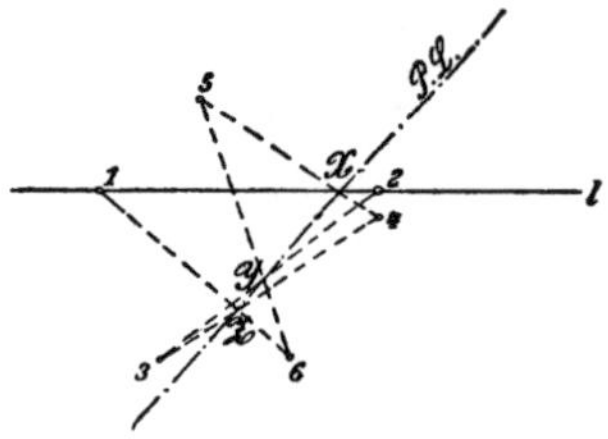

Черт. 40.

Задача 29. Даны 5 точекъ кривой 2-го порядка; требуется построить касательную къ кривой въ одной изъ этихъ точекъ.

Рѣшеніе. Считая данныя 5 точекъ за вершины пятиугольника, полученнаго изъ шестиугольника Паскаля, мы обозначаемъ точку, въ которой должна быть построена касательная, черезъ 1, 2 (черт. 41), а остальныя данныя точки обозначимъ 3, 4, 5, 6. Мы можемъ тогда построить точки Y, Z прямой Паскаля, чѣмъ она опредѣляется вполнѣ. Прямая 45 пересѣкаетъ ее въ точкѣ X, черезъ которую, согласно 61, проходитъ касательная 12 въ точкѣ 1.

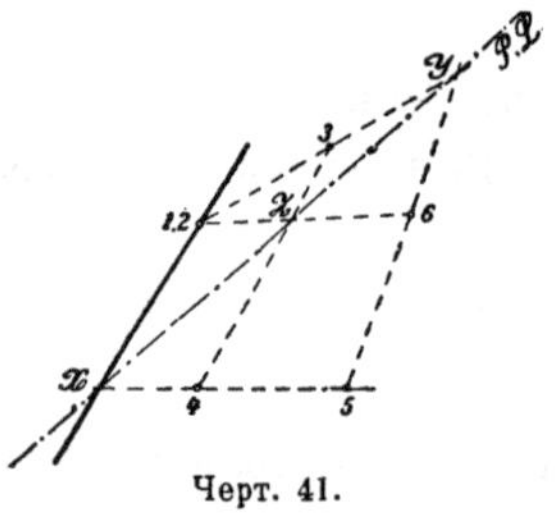

Черт. 41.

Другое рѣшеніе данной задачи получается изъ 60, дополненіе 1.

Аналогично рѣшаются двѣ слѣдующія задачи:

Задача 30. Даны 4 точки кривой 2-го порядка и касательная съ ней въ одной изъ этихъ точекъ; требуется построить касательную къ кривой въ какой-нибудь другой изъ данныхъ точекъ.

Задача 31. Даны 3 точки кривой 2-го порядка и касательныя къ ней въ двухъ изъ этихъ точекъ; требуется построить касательную къ кривой въ третьей ея точкѣ.

§ 23. Геометрическое мѣсто, опредѣляемое двумя проективно-соотвѣтственными рядами точекъ, лежащими въ одной и той же плоскости.

Кривая 2-го класса.

66. Два ряда точекъ, лежащіе въ одной плоскости и находящіеся въ проективномъ соотвѣтствіи другъ съ другомъ, образуютъ новую геометрическую форму, если будемъ соединять прямыми каждую пару соотвѣтственныхъ точекъ. Мы получаемъ такимъ образомъ многоугольникъ, стороны котораго составляютъ эти прямыя, а вершины точки пересѣченія двухъ такихъ прямыхъ, соединяющихъ сосѣднія пары точекъ, и, наконецъ, при переходѣ къ предѣлу, кривую, огибаемую безконечно-большимъ количествомъ этихъ прямыхъ, ея касательныхъ.

Чтобы изслѣдовать полнѣе эту кривую, положимъ, что (черт. 42) проективное соотвѣтствіе между g и g_1 задано 3-мя парами соотвѣтственныхъ точекъ: A, A_1 B, B_1 C, C_1; прямыя, соединяющія точки каждой пары, будутъ касательными a, b, c, образуемой кривой. Мы можемъ строить новыя ея касательныя, пользуясь даннымъ въ 32 (черт. 22) методомъ построенія соотвѣтственныхъ точекъ двухъ проективно-соотвѣтственныхъ рядовъ точекъ. Выбравъ на a произвольно точки S и S_1, мы проектируемъ изъ нихъ ряды точекъ g и g_1 посредствомъ перспективныхъ пучковъ прямыхъ, соотвѣтственные элементы которыхъ пересѣкаются на прямой p.

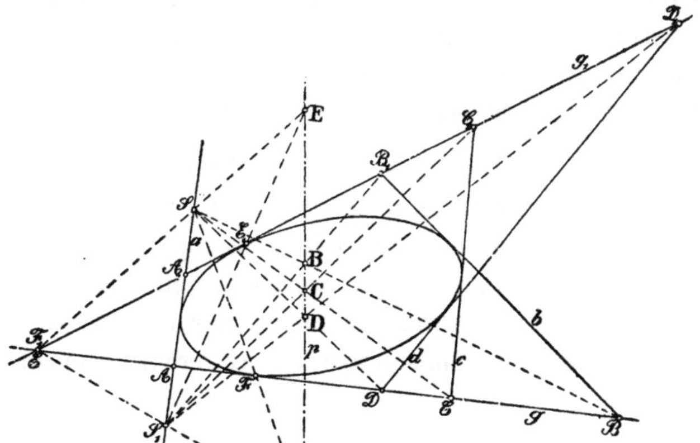

Черт. 42.

Для произвольной точки D на g мы находимъ соотвѣтственную на g_1, руководствуясь тѣмъ, что SD и S_1D_1 должны пересѣкаться въ точкѣ **D** прямой p. DD_1 есть тогда новая касательная съ образовываемой кривой. Примѣняя то же самое построеніе, мы получимъ также точки E_1 и F, которыя соотвѣтствуютъ точкѣ пересѣченія g и g_1, если мы обозначимъ ее черезъ E и F_1. При этомъ мы пользуемся вспомогательными точками E и F. Но тогда g — прямая, соединяющая соотвѣтственныя точки F и F_1, а g_1 — соотвѣтственныя точки E и E_1. Слѣдовательно, g и g_1 также касательныя къ образуемой кривой, которую обозначимъ черезъ $\varkappa^2$.

Эта кривая есть кривая 2-го класса, т. е. черезъ произвольную точку P проходятъ, понимая это алгебраически, двѣ касательныя къ ней. Къ этому заключенію мы приходимъ при помощи соотвѣтственнаго чертежа слѣдующимъ образомъ. Для построенія касательныхъ къ $\varkappa^2$, проходящихъ черезъ точку P, мы должны только опредѣлить, какъ часто можетъ случиться, чтобы прямая, соединяющая соотвѣтственныя точки на g и g_1, проходила черезъ P. Но если мы будемъ проектировать ряды точекъ g и g_1 изъ P пучками прямыхъ, то двойныя прямыя и только двойныя прямыя этихъ проективно-соотвѣтственныхъ пучковъ представляютъ собою касательныя къ $\varkappa^2$, проходящія черезъ точки P. Слѣдовательно, кривая $\varkappa^2$ есть кривая 2-го класса.

Если возьмемъ на g точку D, то черезъ нее также проходятъ двѣ касательныя къ $\varkappa^2$: одной касательной будетъ сама g, а другая — прямая d, соединяющая D съ соотвѣтственной точкой D_1. Эти двѣ касательныя всегда отличны другъ отъ друга, и только для точки F вторая касательная совпадаетъ съ g. Черезъ точку F проходятъ, такимъ образомъ, двѣ безконечно близкихъ другъ къ другу касательныхъ; слѣдовательно, F есть, согласно 58, точка прикосновенія касательной g съ кривой $\varkappa^2$. Точно такъ же, конечно, точка E_1 есть точка прикосновенія касательной g_1. Мы пришли, такимъ образомъ, къ слѣдующей

Теоремѣ 36. Прямыя, соединяющія соотвѣтственныя точки двухъ проективно-соотвѣтственныхъ рядовъ точекъ, лежащихъ въ одной плоскости, огибаютъ кривую 2-го класса, которая касается также и основаній рядовъ точекъ. Точками прикосновенія этихъ двухъ послѣднихъ касательныхъ служатъ тѣ точки, которыя соотвѣтствуютъ точкамъ основаній, совмѣщающимся въ ихъ точкѣ пересѣченія.

Другія свойства кривой 2-го класса.

67. Въ только-что разсмотрѣнныхъ построеніяхъ касательныя g и g_1 — основанія проективно-соотвѣтственныхъ рядовъ точекъ — играли особую роль по сравненію съ другими касательными $a, b, c\ldots$ Покажемъ теперь, что любая пара касательныхъ къ кривой $\varkappa^2$ могутъ быть взяты за g и g_1, такъ какъ и онѣ пересѣкутся остальными касательными въ проективно-соотвѣтственныхъ рядахъ точекъ.

Построимъ снова ось перспективы p (черт. 43), исходя изъ трехъ паръ соотвѣтственныхъ точекъ A, A_1, B, B_1, C, C_1. Пусть прямая p пересѣкаетъ g и g_1 въ двухъ точкахъ, которыя мы примемъ за вспомогательныя точки **Q** и **R**. Тогда легко видѣть, что S_1**Q** есть касательная q, огибаемой кривой (Q совпадаетъ съ **Q**, а Q_1 есть точка пересѣченія S_1**Q** и g_1) и S**R** точно такъ же касательная r съ кривой $\varkappa^2$.

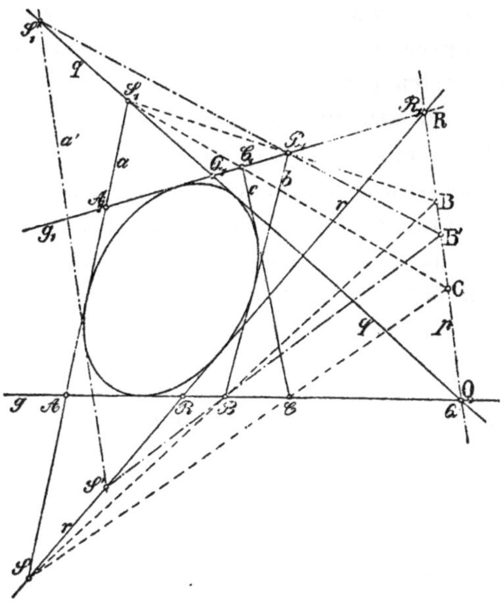

Черт. 43.

Вмѣсто того, чтобы строить новыя касательныя къ кривой, пользуясь прямыми g, g_1, a, b, c, какъ данными касательными, опредѣляющими кривую $\varkappa^2$, можно употребить для опредѣленія $\varkappa^2$ прямыя g, g_1, b, r, q, такъ какъ r и q также содержатъ пары соотвѣтственныхъ точекъ данныхъ проективно-соотвѣтственныхъ рядовъ точекъ.

Представимъ себѣ теперь, что мы построили рядъ касательныхъ къ кривой $\varkappa^2$, исходя изъ касательныхъ g, g_1, a, b, c. Въ числѣ ихъ будутъ три по существу произвольныхъ касательныхъ этой кривой, которыя мы обозначимъ черезъ b, r и q. Не трудно возстановить только-что описанный чертежъ при помощи этихъ элементовъ. Касательная r встрѣтитъ g_1 въ точкѣ **R**, касательная q пересѣкаетъ прямую g въ точкѣ **Q**, а касательная b пересѣкаетъ g и g_1 въ точкахъ B и B_1; прямая **QR** пусть будетъ p.

Возьмемъ на p произвольную точку **B'**, и пусть прямая B**B'** пересѣкаетъ **r** въ точкѣ S', а прямая B_1**B'** пересѣкаетъ q въ точкѣ S_1'. Принимая S' и S_1' за центры пучковъ, а p — за перспективное сѣченіе этихъ пучковъ, мы можемъ установить проективное соотвѣтствіе между g и g_1, которое, однако, должно быть тождественнымъ съ даннымъ, такъ какъ оно имѣетъ общія съ нимъ три пары точекъ: B, B_1, R, R_1, Q, Q_1. Такимъ образомъ, и прямая $S'S_1'$, или a', должна пересѣкать въ соотвѣтственныхъ точкахъ проективно-соотвѣтственные ряды точекъ g и g_1, слѣдовательно, и эта прямая a'—также касательная къ $\varkappa^2$.

Но точку B' мы выбрали на p совершенно произвольно. Если B' перемѣщается по p, прямыя, соединяющія точки B и B_1 съ B', описываютъ два находящихся въ перспективномъ положеніи пучка прямыхъ, а послѣдніе пересѣкаютъ r и q соотвѣтственно въ точкахъ S и S_1'. Ряды точекъ S' и S_1', какъ сѣченія перспективныхъ пучковъ, должны быть проективно-соотвѣтственными между собой, или, другими словами: прямыя a', которыя всѣ—касательныя къ кривой $\varkappa^2$, пересѣкаютъ касательныя r и q въ проективно-соотвѣтственныхъ рядахъ точекъ.

Анализъ дополняетъ эти соображенія, показывая, что всякая кривая 2-го класса можетъ быть образована помощью проективно-соотвѣтственныхъ рядовъ точекъ. Этимъ доказана

Теорема 37. Любую пару касательныхъ кривой 2-го класса остальныя касательныя этой кривой пересѣкаютъ по проективно-соотвѣтственнымъ рядамъ точекъ.

Опредѣленіе кривой 2-го класса.

68. Изъ только-что указаннаго способа образованія кривой 2-го класса непосредственно слѣдуетъ, что только пять касательныхъ этой кривой могутъ быть заданы произвольно и что, кромѣ того, существуетъ одна и только одна кривая 2-го класса, которая касается пяти данныхъ прямыхъ.

Въ самомъ дѣлѣ, обозначивъ эти прямыя черезъ I, II, III, IV, V, возьмемъ прямыя I и II и будемъ считать проективно-соотвѣтственными точки пересѣченія этихъ прямыхъ съ прямыми III, IV и V. Этихъ трехъ паръ точекъ достаточно для опредѣленія проективнаго соотвѣтствія между рядами точекъ на I и II. Кривая, образуемая этими рядами точекъ, будетъ искомой. Существуетъ только одна такая кривая, что можно показать аналогично 61. Отсюда слѣдуетъ

Теорема 38. Существуетъ одна и только одна кривая 2-го класса, которая касается пяти произвольныхъ прямыхъ.

Когда три изъ пяти данныхъ прямыхъ, напримѣръ, III, IV и V, проходятъ черезъ одну точку S, то ряды точекъ на I и II перспективны. Прямыя, соединяющія соотвѣтственныя точки, составляютъ, такимъ образомъ, пучекъ прямыхъ S. Кромѣ того, въ точкѣ пересѣченія прямыхъ I

и II совпадаютъ соотвѣтственныя точки E и E_1 перспективныхъ рядовъ точекъ на I и II. На всякую прямую, проходящую черезъ точку E, можно поэтому смотрѣть, какъ на прямую, соединяющую соотвѣтственныя точки E и E_1. Такимъ образомъ, и пучекъ прямыхъ E можно считать образованнымъ помощью перспективныхъ рядовъ точекъ на I и II. По-

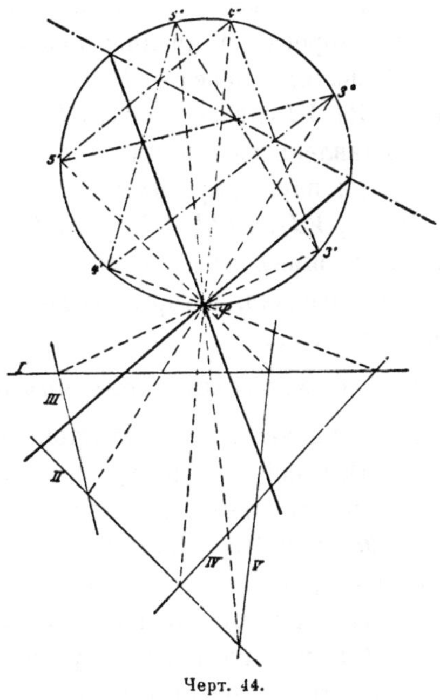

Черт. 44.

мощью перспективныхъ рядовъ точекъ образуются, слѣдовательно, два пучка прямыхъ, и въ каждомъ изъ нихъ прямыя огибаютъ центръ пучка. Кривая 2-го класса распалась на пару точекъ, т. е. на двѣ „кривыя 1-го класса“.

Задача 32. Даны пять касательныхъ къ кривой 2-го класса; требуется построить касательныя къ кривой, проходящія черезъ точку S.

Рѣшеніе. Повторяя ходъ разсужденій, изложенныхъ уже въ 66, выбираемъ двѣ данныя касательныя, напримѣръ, I и II (черт. 44), отмѣчаемъ на нихъ ряды точекъ, въ которыхъ три остальныя касательныя ихъ пересѣкаютъ, и проектируемъ эти точки на окружность вспомогательнаго круга, проходящаго черезъ S. Двойныя прямыя полученныхъ такимъ образомъ пучковъ прямыхъ, построенныя согласно 45, представляютъ собой искомыя касательныя.

§ 24. Теорема Бріаншона.

Противоположныя вершины шестисторонника.

69. Шесть прямыхъ въ одной плоскости можно принять за стороны шестисторонника весьма различными способами. Если мы какъ-нибудь распредѣлимъ между шестью прямыми №№ *I*, *II*, *III*, *IV*, *V*, *VI* и для построенія шестисторонника будемъ брать прямыя въ этомъ порядкѣ номеровъ, то этимъ опредѣляются шесть его вершинъ, какъ точки пересѣченія послѣдовательныхъ сторонъ, а именно: точка пересѣченія прямыхъ *I* и *II*, которую мы обозначимъ черезъ *(I, II)*, точка *(II, III)* и т. д., наконецъ, точка *(VI, I)*. За *VI* слѣдуетъ опять *I* (круговая перестановка). Эти шесть вершинъ составленнаго такимъ образомъ шестисторонника можно распредѣлить на три пары „противоположныхъ": вершины *(I, II)* и *(IV, V)*, *(II, III)* и *(V, VI)*, *(III, VI)* и *(VI, I)*. Каждую пару такихъ противоположныхъ вершинъ мы можемъ соединить прямой и получимъ въ результатѣ три діагонали, которыя обозначимъ для данной выше послѣдовательности черезъ x, y, z.

Шестисторонникъ, описанный около кривой 2-го класса.

70. Возьмемъ теперь на черт. 43 шестисторонникъ $aqgbg_1r$ и обозначимъ стороны его, слѣдующія въ этомъ порядкѣ, черезъ *I*, *II*, *III*, *IV*, *V*, *VI*; тогда увидимъ, что прямыя, соединяющія противоположныя вершины, будутъ S_1B_1, **QR** и *BS* и всѣ эти три прямыя проходятъ черезъ одну и ту же точку **B**. Съ другой стороны, шесть сторонъ шестисторонника могутъ быть приняты за шесть произвольныхъ касательныхъ кривой 2-го класса. Если бы мы измѣнили нумерацію сторонъ, то мы могли бы за основанія проективно-соотвѣтственныхъ рядовъ, образующихъ кривую 2-го класса, принять тѣ касательныя, которыя имѣютъ номера *III* и *V*; касательная же съ номеромъ *I* могла бы играть роль касательной *a* и т. д., словомъ, мы получили бы и для новаго шестисторонника, соотвѣтствующаго новой нумераціи сторонъ, точку **B** (отличную отъ прежней), черезъ которую проходятъ діагонали шестисторонника, соединяющія его противоположныя вершины. Такимъ образомъ, можно считать доказанной

Теорему 39. Изъ шести какихъ-либо касательныхъ къ кривой 2-го класса можно составить описанный около кривой шестисторонникъ, въ которомъ діагонали, соединяющія противоположныя вершины, пересѣкаются въ одной точкѣ.

Въ этомъ и заключается теорема Бріаншона, обнародованная этимъ ученымъ въ 1806 году. Точка **B**, въ которой пересѣкаются діагонали, соединяющія противоположныя вершины шестисторонника, называется точкой Бріаншона (B. P.).

Но изъ черт. 43 непосредственно слѣдуетъ и обратная теорема. Мы тамъ находили новыя касательныя a' къ кривой 2-го класса, строя шестисторонники, въ которыхъ прямыя $S'B$ и $S_1'B_1$ пересѣкались въ точкѣ B' прямой QR. Мы можемъ, слѣдовательно, утверждать:

Теорема 40. Если въ составленномъ какъ-нибудь шестисторонникѣ діагонали, соединяющія противоположныя вершины, пересѣкаются въ одной точкѣ, то этотъ шестисторонникъ описанъ около кривой 2-го класса, т. е. кривая 2-го класса, которая касается пяти его сторонъ, должна касаться и шестой стороны.

Едва ли нужно распространяться о томъ, что теоремы Паскаля и Бріаншона, согласно закону взаимности для плоскости, взаимно справедливы.

Частные случаи теоремы Бріаншона.

71. Положимъ, что данъ шестисторонникъ, описанный около кривой 2-го класса; представимъ себѣ, что пять его сторонъ, напримѣръ, I, III, IV, V, VI остаются неподвижными, а сторона II измѣняетъ свое положеніе, оставаясь постоянно касетельной къ нашей кривой, и все болѣе и

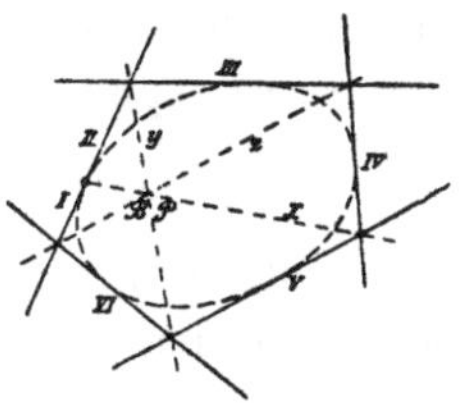

Черт. 45a.

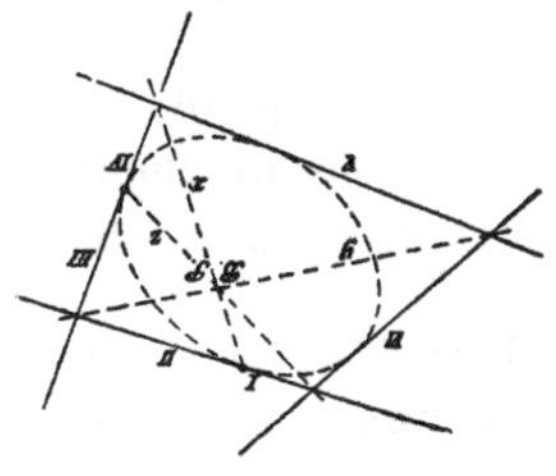

Черт. 45b.

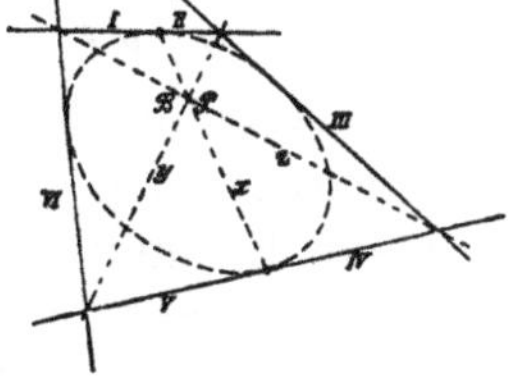

Черт. 45c.

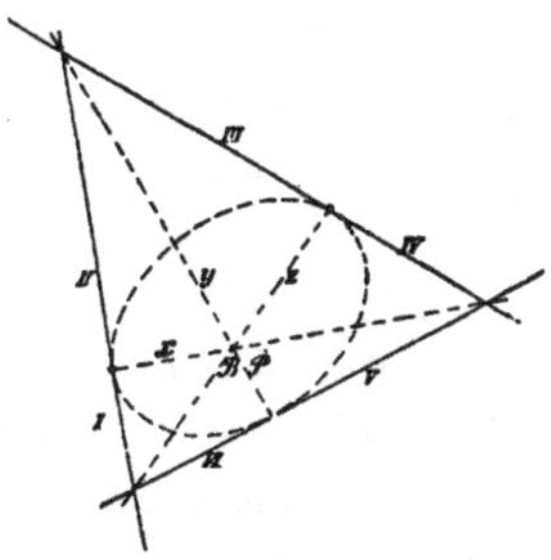

Черт. 45d.

болѣе приближается къ сторонѣ I (составляя все меньшій и меньшій уголъ съ ней). Когда въ предѣлѣ II совпадетъ съ I, тогда, вмѣсто шестисторонника, мы получимъ пятисторонникъ. Тѣмъ не менѣе существуютъ еще шесть вершинъ, при чемъ за точку пересѣченія II съ I мы должны принять точку прикосновенія касательной I къ кривой. Теорему Бріаншона можно формулировать соотвѣтственнымъ образомъ и для этого пятисторонника: достаточно указать на черт. 45a, нагляднымъ образомъ представляющую эту теорему. Мы можемъ, далѣе, предположить, что въ шестисторонникѣ совпали двѣ пары касательныхъ, и, такимъ образомъ, выводимъ изъ теоремы Бріаншона теоремы о четырехсторонникѣ, описанномъ около кривой 2-го класса. Теоремы эти наглядно представлены на черт. 45b и 45c. Если, наконецъ, мы примемъ, что три пары касательныхъ совпадаютъ, то мы получаемъ (черт. 45d) слѣдующую

Теорему 41. Во всякомъ трехсторонникѣ, описанномъ около кривой 2-го класса, прямыя, соединяющія вершины съ точками прикосновенія противоположныхъ сторонъ, пересѣкаются въ одной точкѣ.

Задача 33. Какъ видоизмѣнится теорема Паскаля, когда кривая 2-го порядка распадается на двѣ прямыя, на которыхъ данныя шесть точекъ лежатъ по три? Какъ можно доказать взаимную съ этой теорему? Черт. 7.

Примѣненія теоремы Бріаншона.

72. Согласно теоремѣ 40, мы можемъ воспользоваться теоремой Бріаншона для построенія новыхъ касательныхъ къ кривой 2-го класса и для рѣшенія слѣдующихъ задачъ:

Задача 34. Извѣстно пять касательныхъ къ кривой 2-го класса, и на одной изъ нихъ дана точка P; требуется построить вторую касательную къ кривой, проходящую черезъ эту точку P.

Рѣшеніе. Обозначимъ нумерами стороны шестисторонника Бріаншона. Касательной, на которой лежитъ точка P, дадимъ нумеръ I (черт. 46), искомой касательной — II, а остальныя — III, IV, V, VI. Въ такомъ случаѣ точка P представляетъ собой точку пересѣченія (I, II). Мы можемъ построить прямыя x и z, дающія намъ точку Бріаншона (B. P.). Черезъ эту точку и черезъ точку (V, VI) проходитъ y, а эта прямая пересѣкаетъ III въ нѣкоторой точкѣ. Прямая, соединяющая эту послѣднюю съ P, будетъ искомой касательной II.

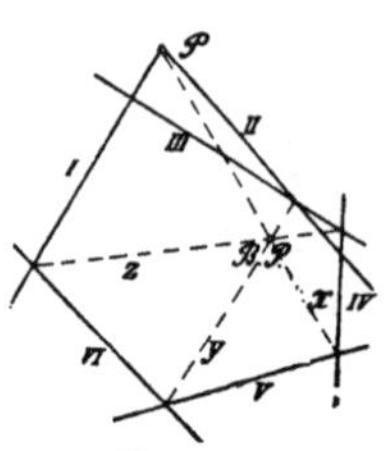

Черт. 46.

Задача 35. Задана кривая 2-го класса посредствомъ пяти ея касательныхъ; опредѣлить точку прикосновенія одной изъ этихъ касательныхъ.

Рѣшеніе. Обозначимъ касательную, точку прикосновенія которой мы должны опредѣлить, черезъ I и II (черт. 47), а остальныя—черезъ $III \dots VI$. Мы можемъ въ такомъ случаѣ построить двѣ діагонали, соединяющія противоположныя вершины, а именно z и y, которыя пересѣкаются въ точкѣ Бріаншона. Діагональ x проходитъ черезъ эту точку и точку (IV, V) и пересѣкаетъ I въ точкѣ прикосновенія T.

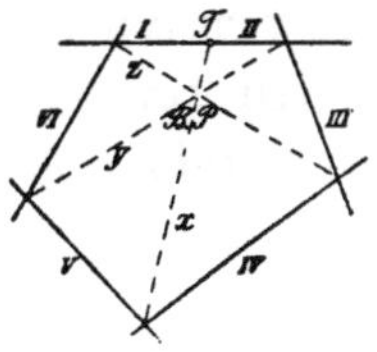

Черт. 47.

Можно рѣшить аналогичными пріемами слѣдующія задачи:

Задача 36. Даны пять касательныхъ кривой 2-го класса; требуется построить касательную къ кривой, параллельную одной изъ данныхъ. Рѣшеніе такое же, какъ въ задачѣ 34, съ той разницей, что P лежитъ въ безконечности.

Задача 37. Даны 4 касательныхъ кривой 2-го класса и точка прикосновенія на одной изъ нихъ; требуется построить точки прикосновенія остальныхъ касательныхъ.

Рѣшеніе. Теорема Бріаншона для четырехсторонника.

Задача 38. Даны три касательныхъ кривой 2-го класса и точки прикосновенія двухъ изъ нихъ; требуется построить точку прикосновенія третьей касательной.

§ 25. Тождественность кривыхъ 2-го порядка и 2-го класса.

Конфигурація Маклорена.

73. Образовавъ посредствомъ проективно-соотвѣтственныхъ пучковъ кривую 2-го порядка, мы можемъ опредѣлить касательныя къ ней въ любой ея точкѣ. Спрашивается, какого класса будетъ полученная такимъ образомъ кривая 2-го порядка?

Если, съ другой стороны, данная кривая 2-го класса образована помощью проективно-соотвѣтственныхъ рядовъ точекъ, то на каждой касательной можно опредѣлить ея точку прикосновенія. Спрашивается, какого же порядка кривая, образуемая точками прикосновенія?

Чтобы отвѣтить на эти очередные вопросы, будемъ исходить изъ кривой 2-го класса, опредѣляемой четырьмя касательными a, b, c, d и точкой прикосновенія A касательной a (черт. 48). Точки прикосновенія B, C, D касательныхъ b, c, d, которыя этими данными вполнѣ опредѣляются, мы построимъ, пользуясь не теоремой Бріаншона, какъ въ задачѣ 37, а теоремой 15 въ 36. Въ настоящемъ случаѣ мы должны обратить вниманіе на то, что каждая пара касательныхъ къ кривой 2-го класса пересѣкается остальными касательными по проективно-соотвѣтственнымъ рядамъ точекъ; затѣмъ — и на то, что на основаніи упомянутой теоремы прямая p_0, которую намъ нужно построить, пересѣкаетъ обѣ касательныя въ точкахъ прикосновенія (66). Касательныя a, b, c, d образуютъ полный четырехсторонникъ. Обозначимъ точку пересѣченія a и b черезъ M, т. е. $(ab) = M$, точно такъ же $(cd) = M_1$, затѣмъ $(ac) = N$, $(bd) \# N_1$ и,

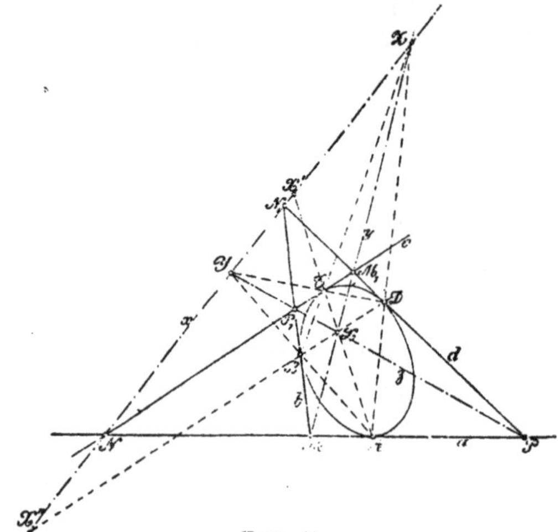

Черт. 48.

наконецъ, $(ad) = P$, $(bc) = P_1$, такъ что N, N_1, M, M_1, P, P_1 представляютъ собой три пары противоположныхъ вершинъ четырехсторонника. Обозначимъ, кромѣ того, діагональ NN_1 черезъ x, діагональ MM_1 — черезъ y, а діагональ PP_1 — черезъ z.

Согласно предыдущему, касательныя a, b пересѣкаются остальными касательными c, d и т. д. по проективно-соотвѣтственнымъ рядамъ точекъ, при чемъ точкамъ N, P соотвѣтствуютъ точки P_1, N_1. Слѣдовательно, прямая p_0, согласно теоремѣ 15, проходитъ черезъ точку Y пересѣченія діагоналей PP_1 и NN_1, а, кромѣ того, также черезъ точку A. Прямая AY пересѣкаетъ, слѣдовательно, b въ точкѣ прикосновенія B.

Равнымъ образомъ, если мы примемъ a и c за основанія проективно-соотвѣтственныхъ рядовъ точекъ, то мы должны соединить прямыми точки M и M_1 и точки P и P_1. Точка пересѣченія этихъ прямыхъ X и точка A опредѣляютъ ось перспективы, которая пересѣкаетъ c въ точкѣ прикосновенія C.

Аналогичныя разсужденія, при которыхъ мы принимаемъ за основанія проективно-соотвѣтственныхъ рядовъ точекъ пары a и d, b и c, b и d, c и d, дадутъ намъ слѣдующій результатъ: если обозначимъ еще точку пересѣченія діагоналей NN_1 и MM_1 черезъ Z, то прямыя AC и BD пересѣкаются въ точкѣ X, прямыя AB и CD — въ точкѣ Y, а прямыя AD и BC — въ точкѣ Z. Мы получаемъ, такимъ образомъ, слѣдующую

Теорему 42. Четыре касательныхъ къ кривой 2-го класса опредѣляютъ полный четырехсторонникъ съ діагоналями x, y, z. Точки прикосновенія A, B, C, D этихъ четырехъ касательныхъ опредѣляютъ полный четырехугольникъ, въ которомъ точки X, Y, Z будутъ точками пересѣченія противоположныхъ сторонъ (діагональными точками). Въ такомъ случаѣ треугольникъ XYZ совпадаетъ съ трехсторонникомъ xyz.

Группировка точекъ и прямыхъ этого чертежа извѣстна подъ именемъ конфигураціи Маклорена (1748).

Кривая 2-го класса есть кривая 2-го порядка.

74. Этой фигурой мы теперь воспользуемся для построенія новыхъ касательныхъ къ кривой 2-го класса и точекъ прикосновенія этихъ касательныхъ, если кривая опредѣляется тремя касательными a, b, c и точками прикосновенія A и C первой и третьей. Возьмемъ на прямой AC произвольную точку X. Прямая MX пересѣчетъ c въ точкѣ M_1, а P_1X встрѣтитъ a въ точкѣ P; тогда, какъ мы сейчасъ докажемъ, прямая M_1P есть новая касательная d къ кривой 2-го класса. Въ самомъ дѣлѣ, составивъ шестисторонникъ (I, II, III, IV, V, VI), въ которомъ a обозначена черезъ I и II, b — черезъ III, c — черезъ IV и V, а M_1P, или d, — черезъ VI, увидимъ, что его стороны касаются одной и той же кривой 2-го класса, такъ какъ прямыя AC, MM_1, PP_1 пересѣкаются въ одной точкѣ X (71, черт. 45c), слѣдовательно, d есть новая касательная къ кривой 2-го класса.

Если мы теперь найдемъ точку пересѣченія прямой M_1P съ прямой $MP_1 - N_1$, затѣмъ точку пересѣченія прямой NN_1 съ прямой $PP_1 - Y$, то прямая AY пересѣчетъ b въ точкѣ прикосновенія B, и легко убѣдиться, что и прямая BX пересѣчетъ d въ точкѣ прикосновенія D. Это прямо слѣдуетъ изъ разсмотрѣнія новаго шестисторонника Бріаншона, гдѣ b выбрана за I и II, c — за III, d — за IV и V, а a — за касательную VI.

Полученный чертежъ въ цѣломъ обладаетъ снова вышеуказанными свойствами, т. е. прямая CD проходитъ черезъ Y. Это можно формулировать и такимъ образомъ: точка D можетъ быть получена и какъ точка пересѣченія прямыхъ BX и CY.

Если теперь вообразимъ, что точка X перемѣщается по прямой AC, то прямая BX, равно какъ и прямая MX, опишетъ пучекъ прямыхъ, перспективный къ ряду точекъ X; точка Z будетъ перемѣщаться по прямой BC, точка Y — по прямой AB, а прямая CY опишетъ пучекъ около точки C.

Мы получимъ, такимъ образомъ, слѣдующій рядъ перспективныхъ основныхъ формъ:

Пучекъ	прямыхъ	$BX \doublebarwedge$	ряду	точекъ	$X \doublebarwedge$	пучку	прямыхъ	MX
„	„	„ $\doublebarwedge$	„	„	$Z \doublebarwedge$	„	„	NZ
„	„	„ $\doublebarwedge$	„	„	$Y \doublebarwedge$	„	„	CY,

слѣдовательно,

$$\text{пучекъ прямыхъ } BX \barwedge \text{ пучку прямыхъ } CY.$$

Такимъ образомъ, геометрическое мѣсто точекъ D образовано пересѣченіемъ соотвѣтственныхъ прямыхъ проективно-соотвѣтственныхъ пучковъ; значитъ, всѣ точки прикосновенія D касательныхъ къ кривой 2-го класса лежатъ на кривой 2-го порядка, которая, конечно, проходитъ и черезъ точки A, B, C, D, такъ какъ движущаяся касательная d совпадаетъ послѣдовательно съ касательными a, b, c, d.

Соотвѣтственное взаимное изслѣдованіе, которое мы совѣтуемъ продѣлать читателю, показываетъ, что касательныя къ кривой 2-го порядка образуютъ кривую 2-го класса. Такимъ образомъ, приходимъ къ слѣдующей

Теоремѣ 43. Точки прикосновенія касательныхъ къ кривой 2-го класса лежатъ на кривой 2-го порядка, а касательныя къ кривой 2-го порядка огибаютъ кривую 2-го класса.

Такимъ образомъ, исходимъ ли мы изъ проективно-соотвѣтственныхъ рядовъ точекъ или изъ проективно-соотвѣтственныхъ пучковъ прямыхъ, мы получаемъ ту же самую кривую, которая въ первомъ случаѣ образуется посредствомъ касательныхъ, а во второмъ — посредствомъ точекъ. Кривыя 2-го класса, слѣдовательно, 2-го же порядка, и наоборотъ. Назовемъ эти кривыя 2-го порядка и класса — „коническими сѣченіями“. Въ дальнѣйшемъ покажемъ, что имѣемъ право дать имъ это названіе.

§ 26. Различные виды коническихъ сѣченій.

Безконечно-удаленныя точки. Асимптоты.

75. Выяснимъ теперь, какія различныя формы могутъ имѣть коническія сѣченія. Эти кривыя классифицируются по ихъ отношенію къ безконечно-удаленной прямой плоскости, на которой онѣ находятся. Именно: коническое сѣченіе можетъ пересѣкать эту безконечно-удаленную прямую въ двухъ дѣйствительныхъ точкахъ, можетъ совсѣмъ не пересѣкать ея (иначе говоря, — пересѣкать ее въ двухъ мнимыхъ точкахъ) и, наконецъ, можетъ ея касаться. Чтобы различить геометрически эти отвлеченныя „возможности“, предположимъ, что коническое сѣченіе образовано пучками S и S_1, проективное соотвѣтствіе между которыми установлено тремя

парами соотвѣтственныхъ прямыхъ a, b, c и a_1, b_1, c_1. Чтобы опредѣлить точки пересѣченія коническаго сѣченія съ безконечно-удаленной прямой, мы должны только видоизмѣнить надлежащимъ образомъ методъ, которымъ мы пользовались въ 59 и въ задачѣ 26 для опредѣленія точекъ пересѣченія конечной прямой l съ коническимъ сѣченіемъ. Такъ какъ во всякой точкѣ коническаго сѣченія пересѣкаются соотвѣтственныя прямыя пучковъ S и S_1, то безконечно-удаленныя точки коническаго сѣченія отличаются отъ другихъ точекъ тѣмъ, что соотвѣтственныя прямыя пучковъ S и S_1, пересѣкающіяся въ нихъ, параллельны между собой. Чтобы найти такія прямыя, будемъ перемѣщать пучекъ S_1 параллельно самому себѣ до тѣхъ поръ, пока центръ его S_1 совпадетъ съ S. Мы это выполнимъ, проведя черезъ S слѣдующія прямыя: $a_1' \# a_1$, $b_1' \# b_1$, $c_1' \# c_1$ ($\#$ значитъ параллельно). Тогда, какъ легко видѣть, и пучекъ (a, b, c) будетъ проективно-соотвѣтственнымъ пучку (a_1', b_1', c_1'), при чемъ прямой a будетъ соотвѣтствовать прямая a_1' и т. д. Но двойныя прямыя этихъ пучковъ представляютъ собой какъ разъ тѣ соотвѣтственныя прямыя пучковъ S и S_1', которыя были въ пучкахъ S и S_1' параллельными между собой. Въ самомъ дѣлѣ, если $n = n_1'$ такая двойная прямая, то $n_1 \# n_1'$, значитъ, и $n \# n_1$. Эти двойныя прямыя, полученныя при помощи штейнеровскаго построенія, даютъ направленія, въ которыхъ лежатъ безконечно-удаленныя точки коническаго сѣченія. Всякая прямая, параллельная такому направленію, проходитъ также черезъ одну безконечно-удаленную точку кривой. Это соотвѣтствуетъ тому обстоятельству, что черезъ всякую конечную точку кривой проходитъ пучекъ прямыхъ. Среди прямыхъ такого пучка содержится и одна касательная къ кривой, точно такъ же и въ пучкѣ параллельныхъ прямыхъ, проходящихъ черезъ безконечно-удаленную точку кривой, существуетъ одна прямая, для которой и другая точка пересѣченія съ кривой совпадаетъ съ безконечно-удаленной точкой и о которой можно, такимъ образомъ, сказать, что она касается кривой въ безконечно-удаленной точкѣ. Такую касательную къ кривой въ безконечно-удаленной точкѣ мы назовемъ „асимптотой“ этой кривой. Ея построеніе остается такимъ же, какъ и для обыкновенной касательной, только на мѣсто конечной точки нужно взять безконечно-удаленную точку, опредѣляемую даннымъ направленіемъ.

Эллипсъ, гипербола, парабола.

76. Возвращаясь къ классификаціи коническихъ сѣченій, мы должны, слѣдовательно, различать слѣдующіе случаи:

a) Проективно-соотвѣтственные пучки прямыхъ (a, b, c) и (a_1', b_1', c_1') не имѣютъ двойныхъ прямыхъ. Образованная кривая не имѣетъ безконечно-удаленныхъ точекъ; она, такимъ образомъ, расположена цѣликомъ въ конечной части плоскости. Такую кривую называютъ эллипсомъ (ἔλλειψις) (черт. 49). Въ частномъ случаѣ эллипсъ можетъ перейти въ кругъ [1]).

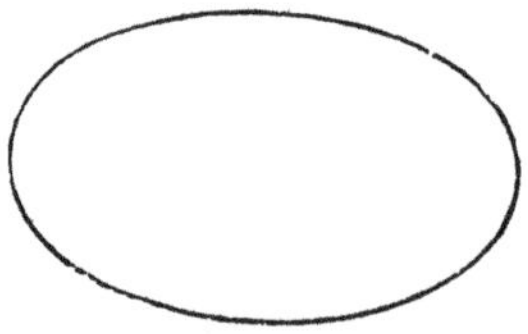

Черт. 49.

b) Двойныя прямыя обоихъ проективно-соотвѣтственныхъ пучковъ дѣйствительны, и коническое сѣченіе имѣетъ двѣ дѣйствительныя безконечно-удаленныя точки. Оно тогда называется гиперболой (ὑπερβολή) (черт. 50). Прямыя a и b — его асимптоты. Кривая состоитъ изъ двухъ частей, которыя по мѣрѣ удаленія въ безконечность все болѣе и болѣе

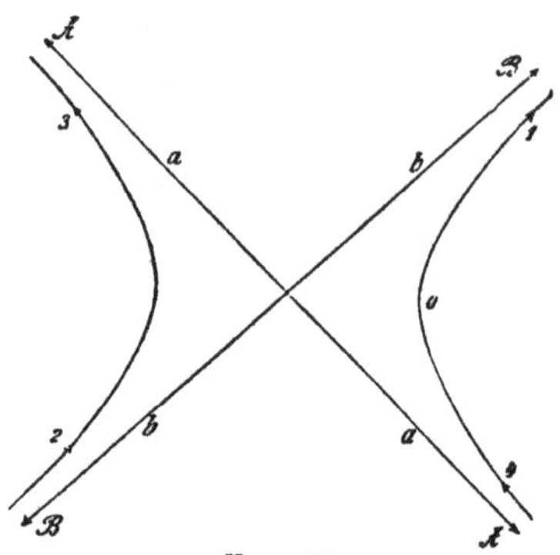

Черт. 50.

приближаются къ асимптотамъ. Она имѣетъ только двѣ безконечно-удаленныя точки, а именно; безконечно-удаленныя точки прикосновенія A и B прямыхъ a и b. Если мы будемъ двигаться по кривой изъ o по направленію 1 въ безконечность, то мы вернемся къ o черезъ B по направленію 2; если мы будемъ двигаться въ безконечность по направленію 3, то вернемся черезъ A на другую сторону асимптоты по направленію 4.

---

[1]) Существуютъ кривыя высшаго порядка, которыя вслѣдствіе своей овальной формы мало отличаются по наружному виду отъ эллипса. Если мы возьмемъ на такой кривой двѣ произвольныя точки S и S_1, то можно посредствомъ кривой привести пучки S и S_1 въ однозначное соотвѣтствіе, считая соотвѣтственными такія прямыя, которыя пересѣкаются на кривой. Тѣмъ не менѣе эти пучки не проективно-соотвѣтственны, такъ какъ ангармоническое отношеніе четырехъ прямыхъ одного не равно ангармоническому отношенію соотвѣтственныхъ прямыхъ другого. Дѣйствительно, при аналитическомъ изслѣдованіи вопроса окажется, что прямая, проходящая черезъ S, имѣетъ съ кривой, кромѣ двухъ общихъ дѣйствительныхъ точекъ, еще общія мнимыя точки, которыя при вычисленіяхъ нужно такъ же принять во вниманіе, какъ и геометрически существующія точки (ср. опредѣленіе проективно-соотвѣтственныхъ основныхъ формъ въ 31).

Кривая будетъ, такимъ образомъ, замкнутой, если принять во вниманіе безконечно-удаленныя точки.

c) Оба проективно-соотвѣтственные пучка имѣютъ только одну двойную прямую. Кривая имѣетъ одну безконечно-удаленную точку (или двѣ совпадающія), она, слѣдовательно, касается безконечно-удаленной прямой. Такая кривая называется параболой (παραβολή) (черт. 51). Ея асимптотой будетъ безконечно-удаленная прямая, на которой лежитъ безконечно-удаленная точка прикосновенія P.

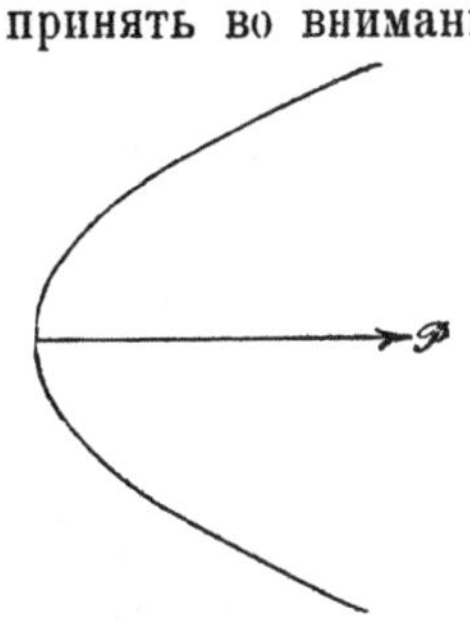

Черт. 51.

Эти названія трехъ коническихъ сѣченій даны еще греками. Они происходятъ отъ своеобразнаго истолкованія и неявнаго употребленія послѣдними нынѣшнихъ уравненій этихъ кривыхъ въ видѣ соотношеній между связанными съ этими кривыми площадями.

Построеніе параболы помощью касательныхъ.

77. И въ томъ случаѣ, когда мы образуемъ коническое сѣченіе посредствомъ проективно-соотвѣтственныхъ рядовъ точекъ, мы можемъ отличить три вида коническихъ сѣченій, хотя это уже не будетъ такъ просто. Можно видѣть непосредственно, когда образуется парабола, а именно, это будетъ тогда и только тогда, когда безконечно-удаленныя точки проективно-соотвѣтственныхъ рядовъ точекъ g и g_1 соотвѣтствуютъ другъ другу. Дѣйствительно, въ такомъ случаѣ прямая, соединяющая эти безконечно-удаленныя точки, т. е. безконечно-удаленная прямая плоскости, касается образованной кривой, и послѣдняя поэтому должна быть параболой. Проективно-соотвѣтственные ряды точекъ, въ которыхъ безконечно-удаленныя точки соотвѣтствуютъ другъ другу, мы назвали (40) подоб-

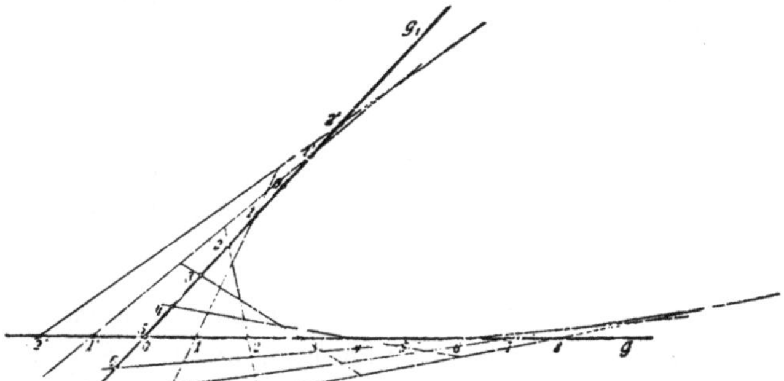

Черт. 52.

ными; слѣдовательно, касательныя къ параболѣ пересѣкаютъ любую пару неподвижныхъ касательныхъ по такимъ подобнымъ рядамъ точекъ. Отсюда получается простое построеніе касательной къ параболѣ. Пусть g и g_1 — данныя касательныя (черт. 52); обозначимъ ихъ точки прикосновенія черезъ 5 и 0 и раздѣлимъ отрѣзки, заключающіеся между этими точками и точкой пересѣченія g и g_1, на пять равныхъ частей. Тогда всякая прямая, соединяющая двѣ какія-либо соотвѣтственныя точки дѣленія, всегда представляетъ собой касательную къ параболѣ. Продолжая дѣленіе, можно получить, какъ легко видѣть изъ чертежа, все новыя и новыя касательныя.

Задачи о гиперболѣ и параболѣ.

78. Мы прибавляемъ здѣсь еще нѣсколько задачъ, изъ которыхъ станетъ яснымъ, что безконечно-удаленные элементы (асимптоты, безконечно-удаленная прямая) могутъ быть примѣнены при построеніяхъ съ такою же пользою, какъ и элементы, не лежащіе въ безконечности.

Задача 39. Даны направленія асимптотъ и три точки гиперболы; построить новыя точки кривой и сами асимптоты.

Рѣшеніе. Если s и s_1 — направленія асимптотъ (черт. 53), то безконечно-удаленныя точки S и S_1 этихъ прямыхъ принадлежатъ къ точкамъ гиперболы. Возьмемъ ихъ за центры образующихъ кривую пучковъ прямыхъ, которые въ такомъ случаѣ станутъ пучками параллельныхъ прямыхъ. Прямыя a, b, c пучка S, проходящія черезъ данныя точки A, B, C, соотвѣтствуютъ прямымъ a_1, b_1, c_1 пучка S_1, проходящимъ черезъ тѣ же точки. Установимъ теперь, согласно 33, проективное соотвѣтствіе между обоими пучками, при чемъ для простоты примемъ, что g совпадетъ съ a_1, а g_1 — съ a. Тогда мы получаемъ извѣстнымъ уже способомъ центръ перспективы P (какъ точку пересѣченія прямыхъ BB_1 и CC_1), и для всякой прямой d мы находимъ соотвѣтственную d_1, точка пересѣченія которой D съ d представляетъ собой точку гиперболы.

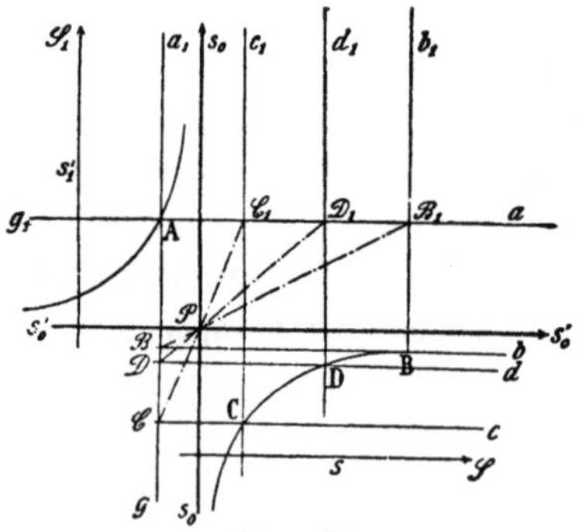
Черт. 53.

Чтобы найти асимптоты, т. е. касательныя въ точкахъ S и S_1, мы должны, согласно теоремѣ 30 стр. 73, принимая прямую SS_1 сначала за прямую перваго, а потомъ второго пучка, искать сначала соотвѣтствующую ей во второмъ, а затѣмъ въ первомъ пучкѣ. Прямая SS_1 есть въ данномъ случаѣ безконечно-удаленная прямая, пересѣкающая g и g_1 въ безконечно-удаленныхъ точкахъ этихъ прямыхъ. Послѣдовательными построеніями мы находимъ, что асимптотами являются прямыя s_0 и s_0', проходящія черезъ P параллельно s и s_1. — На данномъ чертежѣ направленія асимптотъ перпендикулярны между собой. Такая гипербола называется „равносторонней“.

Задача 40. Два тождественные, равно-направленные пучка прямыхъ, лежащіе въ одной плоскости, образуютъ кругъ, а разно-направленные — равностороннюю гиперболу (ср. зад. 16).

Задача 41. Даны: безконечно-удаленная точка коническаго сѣченія, двѣ касательныя къ нему и обѣ ихъ точки прикосновенія; построить асимптоту, проходящую черезъ данную безконечно-удаленную точку.

Рѣшеніе. Пусть a и b — данныя касательныя съ точками прикосновенія A и B, а S—данная безконечно-удаленная точка (черт. 54); обозначимъ искомую асимптоту черезъ 12, совпадающія съ A точки—черезъ 3, 4, а совпадающія съ B—черезъ 5, 6. Тогда мы получаемъ въ шестиугольникѣ Паскаля 123456 точки Y и Z прямой Паскаля (теорема 34 стр. 78), на которой должны также пересѣкаться прямыя 12 и 45. Черезъ эту точку пересѣченія X проходитъ, слѣдовательно, асимптота s_0.

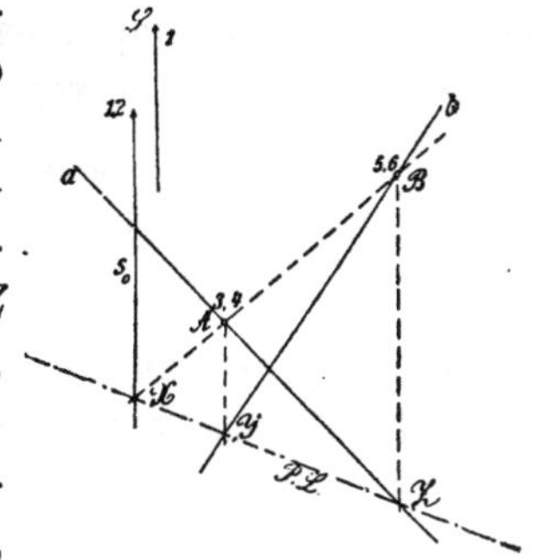

Черт. 54.

Построить такъ же и вторую асимптоту.

Задача 42. Рѣшить задачу 39, примѣняя теорему Паскаля.

Задача 43. Даны обѣ асимптоты и точка гиперболы; построить новыя точки кривой.

Рѣшеніе. Примемъ безконечно-удаленныя точки S и S_1 кривой за центры проективно-соотвѣтственныхъ пучковъ прямыхъ, образующихъ гиперболу, и будемъ въ остальномъ слѣдовать методу, описанному въ 59, черт. 36. Прямыя, проведенныя черезъ данную точку гиперболы A параллельно асимптотамъ (черт. 55), представляютъ собой соотвѣтственныя прямыя a и a_1; сами асимптоты можно обозначить соотвѣтственно черезъ f и l_1, а безконечно-удаленную прямую — черезъ f_1 и l. За вспомогательныя прямыя g и g_1 примемъ въ настоящемъ случаѣ собственно a_1 и a. Тогда вспомогательная точка P черт. 36 будетъ находиться въ точкѣ пересѣченія асимптотъ

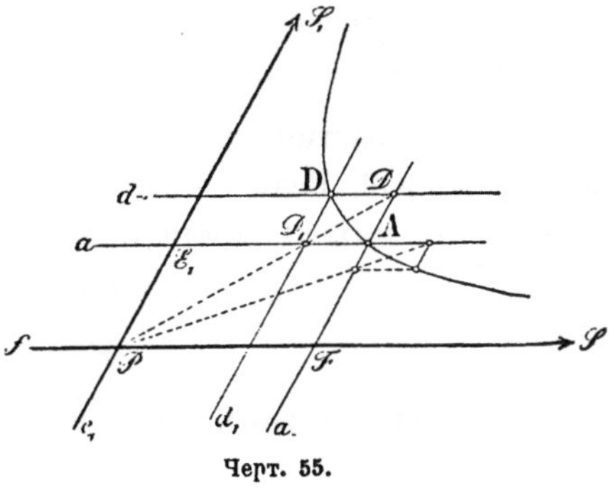

Черт. 55.

(т. е. въ центрѣ гиперболы). Новыя точки кривой мы найдемъ, если проведемъ черезъ P какую-нибудь прямую, пересѣкающую a_1 и a въ точкахъ D и D_1. Прямыя d и d_1, проведенныя черезъ эти точки параллельно асимптотамъ, даютъ въ пересѣченіи новую точку гиперболы $\boldsymbol{D}$.

Затѣмъ, изъ черт. 55 видно, что наше построеніе новыхъ точекъ гиперболы можно истолковать геометрически, въ томъ смыслѣ, что мы превращаемъ параллелограммъ $\boldsymbol{A}FPE_1$ въ равновеликій ему параллелограммъ съ вершиной $\boldsymbol{D}$. Это доказываетъ слѣдующее метрическое свойство гиперболы: если провести черезъ точки гиперболы прямыя, параллельныя асимптотамъ, то параллелограммъ, образуемый этими прямыми и асимптотами, сохраняетъ постоянную площадь.

Задача 44. Даны: безконечно-удаленная точка параболы, двѣ другія ея точки и касательная къ ней въ одной изъ этихъ точекъ; построить эту параболу.

Рѣшеніе. Обозначимъ черезъ S_1 безконечно-удаленную точку, черезъ S— точку, касательная въ которой къ кривой дана (черт. 56), и примемъ эти точки за центры проективно-соотвѣтственныхъ пучковъ. На безконечно-удаленную прямую нужно тогда смотрѣть, какъ на касательную e_1 въ точкѣ S_1, между тѣмъ какъ f—данная касательная. Безконечно-удаленная точка послѣдней представляетъ собой при томъ же построеніи, что и раньше, вспомогательную точку P. Чтобы построить точки параболы, мы должны прямой, параллельной къ f, пересѣчь прямыя a_1 и a въ точкахъ D и D_1. Прямыя d и d_1 пересѣкутся въ новой точкѣ пароболы $\boldsymbol{D}$.

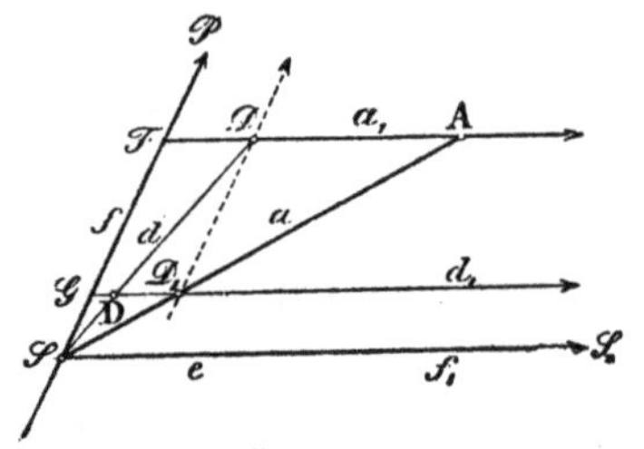

Черт. 56.

Ради практическихъ цѣлей можно преобразовать этотъ методъ въ болѣе удобный. Если обозначимъ точку пересѣченія прямыхъ d_1 и f черезъ G, то имѣетъ мѣсто пропорція:

$$\frac{FD}{F\boldsymbol{A}}=\frac{SD_1}{S\boldsymbol{A}}=\frac{SG}{SF}.$$

Такимъ образомъ, если, напримѣръ,

$$FD=\frac{1}{n}F\boldsymbol{A},$$

то и

$$SG=\frac{1}{n}SF.$$

На этомъ основывается слѣдующее извѣстное построеніе параболы: раздѣлимъ (черт. 57) отрѣзки *FA* и *SF* на одинаковое количество рав-

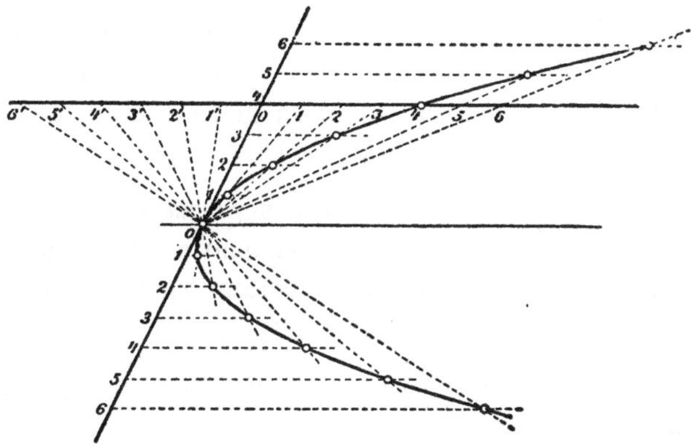

Черт. 57.

ныхъ частей, напримѣръ, на 4, и проведемъ соотвѣтственныя прямыя пучковъ. Дѣленія нужно откладывать въ обоихъ направленіяхъ.

Задача 45. Даны обѣ асимптоты и точка гиперболы; построить касательную къ ней въ этой точкѣ.

Рѣшеніе. Если *a* и *b*—асимптоты, а *A*—данная точка (черт. 58), то

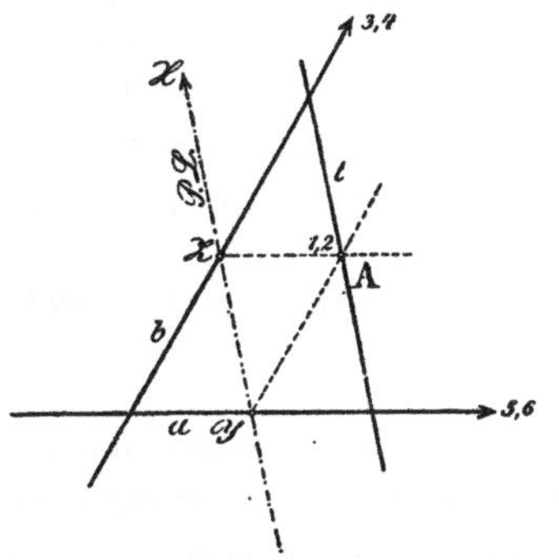

Черт. 58.

теорема Паскаля прямо даетъ искомую касательную *t*, и видно изъ чертежа, что отрѣзокъ касательной, заключенный между асимптотами, дѣлится въ точкѣ прикосновенія пополамъ.

Задача 46. Даны обѣ асимптоты гиперболы и касательная къ ней; построить новыя касательныя кривой.

Рѣшеніе. Обозначимъ одну асимптоту a черезъ I и II, другую b—черезъ IV и V, данную касательную t—черезъ III, а искомую касательную, проходящую черезъ произвольную точку P прямой a,—черезъ VI (черт. 59). Точка Бріаншона становится въ этомъ случаѣ безконечно-удаленной, а главныя діагонали y и z параллельны между собой.

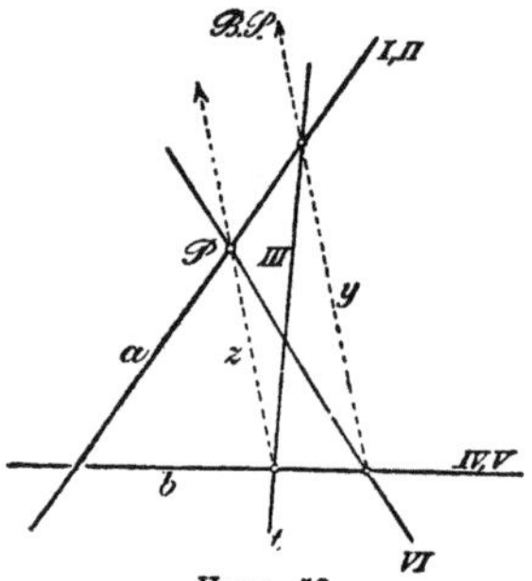

Черт. 59.

Изъ чертежа видно слѣдующее свойство: касательныя къ гиперболѣ образуютъ съ асимптотами треугольники съ постоянной площадью.

Задача 47. Даны четыре касательныхъ параболы; построить точку прикосновенія одной изъ нихъ.

Рѣшеніе. Такъ какъ коническое сѣченіе въ данномъ случаѣ парабола, то оно касается безконечно-удаленной прямой плоскости; она поэтому можетъ считаться данной вмѣстѣ съ плоскостью, какъ пятая касательная. Для рѣшенія задачи обозначимъ ту касательную, точку прикосновенія которой намъ нужно найти, черезъ I и II, безконечно-удаленную прямую—черезъ III, а остальныя касательныя—черезъ IV, V и VI (черт. 60). Тогда (II, III) есть безконечно-удаленная точка касательной, обозначенной черезъ II (III, VI)—безконечно-удаленная точка касательной IV, и съ помощью теоремы Бріаншона мы легко можемъ теперь найти точку прикосновенія T касательной I.

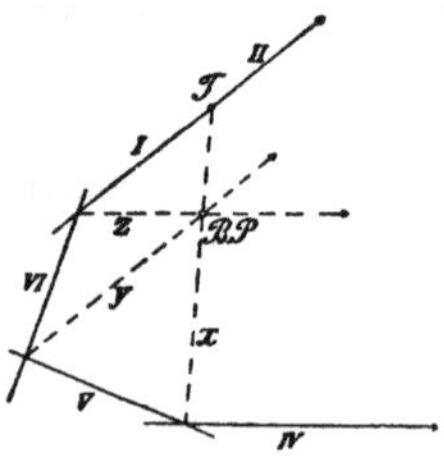

Черт. 60.

Задача 48. Провести касательную къ параболѣ параллельно данному направленію.

Рѣшеніе. Если требуется провести касательную къ коническому сѣченію параллельно данной прямой l, то такихъ касательныхъ существуетъ вообще 2, такъ какъ задача сводится къ тому, чтобы провести касательныя къ коническому сѣченію черезъ точку пересѣченія прямой l съ безконечно-удаленной прямой. Но, если коническое сѣченіе касается безконечно-удаленной прямой, какъ это имѣетъ мѣсто у параболы, то сама безконечно-удаленная прямая представляетъ собой касательную, проходящую черезъ эту точку, и остается только одна конечная касательная, параллельная прямой l; задача становится, такимъ образомъ, линейной.

Пусть парабола дана посредствомъ двухъ ея касательныхъ a и b и ихъ точекъ прикосновенія A и B (черт. 61); составимъ шестисторонникъ Бріаншона. Черезъ I и II обозначимъ a, черезъ III и IV—b, черезъ V—

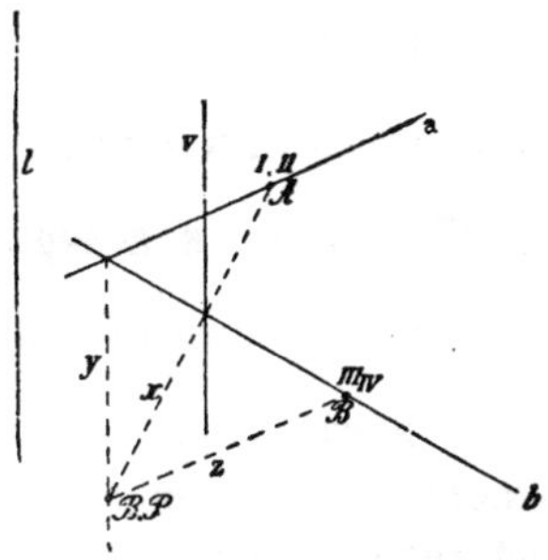

Черт. 61.

искомую касательную, параллельную данной прямой l, черезъ VI—безконечно-удаленную прямую. Тогда V получится посредствомъ построенія точки Бріаншона, при чемъ слѣдуетъ принять во вниманіе то, что точка пересѣченія (V, VI) есть безконечно-удаленная точка прямой l.

Задача 49. Дана парабола посредствомъ 4-хъ ея касательныхъ; опредѣлить ея безконечно-удаленную точку (направленіе ея оси).

Рѣшеніе. Если обозначимъ (черт. 62) четыре данныхъ касательныхъ черезъ I, II, III, IV, безконечно-удаленную прямую—черезъ V

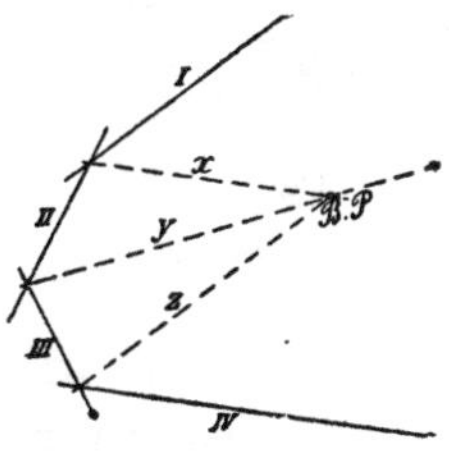

Черт. 62.

и VI, то прямая y, которая въ шестисторонникѣ Бріаншона проходитъ черезъ точку прикосновенія (V, VI), даетъ направленіе, въ которомъ лежитъ безконечно-удаленная точка параболы.

ГЛАВА VI.

Теорія поляръ коническихъ сѣченій.

§ 27. Полюсъ и поляра.

Сопряженныя точки и сопряженныя прямыя.

79. Предположимъ, что намъ дано коническое сѣченіе k^2 и такая прямая g, которая пересѣкаетъ его въ точкахъ A и B (черт. 63). Тогда можно построить для какой-либо точки X прямой g четвертую гармоническую X' относительно A и B, такъ что, слѣдовательно, $(XX'AB) = -1$.

Мы назовемъ такія двѣ точки X и X' сопряженными относительно коническаго сѣченія. Если прямая g касается коническаго сѣченія, то обѣ

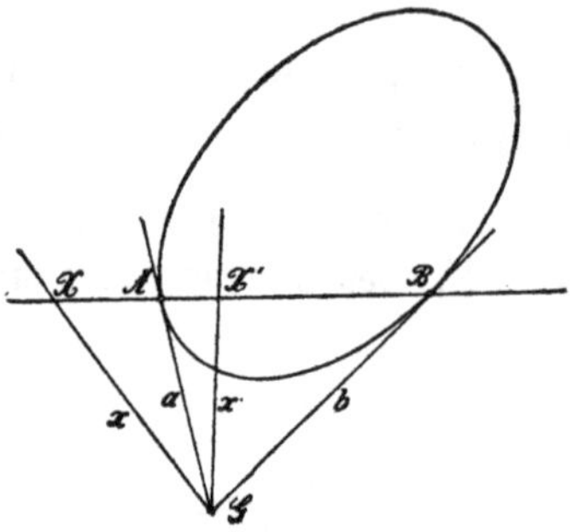

Черт. 63.

точки A и B совпадаютъ въ одну, напр. въ C. Тогда и четвертая гармоническая къ точкѣ X, гдѣ бы на касательной ни лежала точка X, опять совпадаетъ съ C. Слѣдовательно, каждая точка касательной составляетъ съ точкой касанія пару сопряженныхъ точекъ.

Съ другой стороны, если черезъ точку g проведены обѣ касательныя a и b къ коническому сѣченію, то можно построить для какой-либо линіи x, проходящей черезъ g, четвертую гармоническую x' относительно a и b. Слѣдовательно, тогда $(xx'ab) = -1$. Мы назовемъ такія двѣ прямыя x, x' сопряженными прямыми относительно коническаго сѣченія.

Если G будетъ лежать на коническомъ сѣченіи въ G_0, то обѣ касательныя совпадутъ въ одну, а именно: обратятся въ касательную c въ точкѣ G_0 къ коническому сѣченію. Всякая прямая, проходящая черезъ точку G_0 коническаго сѣченія, составитъ съ касательной c пару сопряженныхъ прямыхъ.

Аналитическая геометрія позволяетъ перенести это опредѣленіе сопряженныхъ точекъ и прямыхъ—по крайней мѣрѣ, формально—и на тотъ случай, когда прямая g не пересѣкаетъ коническаго сѣченія или когда изъ точки g нельзя провести ни одной дѣйствительной касательной къ коническому сѣченію.

Зададимъ теперь себѣ такой вопросъ: каково геометрическое мѣсто, на которомъ лежатъ всѣ точки, сопряженныя съ данной точкой X относительно коническаго сѣченія?—и такой: какую кривую огибаютъ всѣ прямыя, которыя составляютъ съ данной сопряженную пару прямыхъ относительно коническаго сѣченія?

Поляра точки.

80. Мы будемъ исходить изъ конфигураціи Маклорена, которая показана на чертежѣ 48 стр. 90.

Пересѣчемъ на этомъ чертежѣ еще прямую NN_1 съ AC въ точкѣ X', а съ BD въ X''; тогда изъ четырехугольника $ABCD$ слѣдуетъ, что и

$$(XX'AC) = -1$$

и

$$(XX''BD) = -1.$$

Предположимъ, что намъ дано коническое сѣченіе и точка X. Проведемъ черезъ X произвольную хорду AC. Если касательныя a и c въ точкахъ A и C пересѣкутся въ N и мы построимъ затѣмъ X', какъ четвертую гармоническую для X относительно A и C, то черезъ точки N

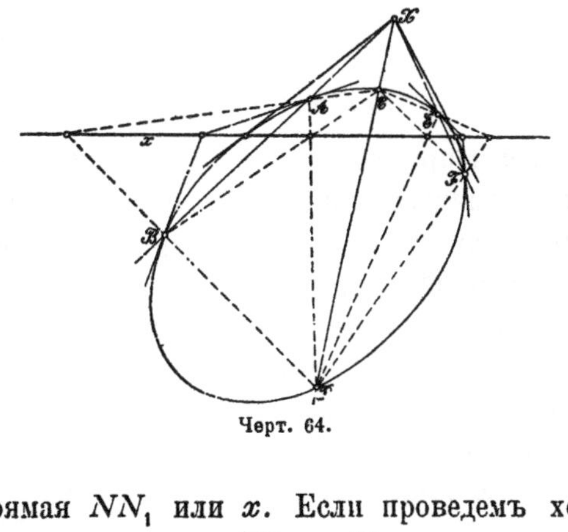

Черт. 64.

и X' пройдетъ прямая NN_1 или x. Если проведемъ хорду BD черезъ X, то четвертая гармоническая X'' къ X относительно B и D должна всегда лежать на этой линіи x. Поэтому эта прямая x есть геометрическое мѣсто всѣхъ точекъ, сопряженныхъ съ X.

Мы назовемъ ее полярой точки X по отношенію къ коническому сѣченію. На ней, слѣдовательно, должны встрѣчаться касательныя b и d въ точкахъ B и D. Точно такъ же XZ или y есть поляра точки Y, а XY или z поляра точки Z.

Отсюда получаются слѣдующія свойства поляры точки, которыя, благодаря чертежу 64, становятся очевидными:

Теорема 44. Если мы имѣемъ точку X и коническое сѣченіе и проведемъ черезъ X всѣ возможныя прямыя, встрѣчающія коническое сѣченіе соотвѣтственно въ парахъ точекъ A, B или C, D или E, F и т. д., и построимъ:

1) четвертую гармоническую къ A, B или C, D или $E, F\ldots$ относительно X;
2) двѣ остальныя діагональныя точки полнаго четырехугольника $ABCD$, $ABEF$ и т. д.;
3) точки пересѣченія касательныхъ въ A и B, въ C и D и т. д.;
4) точки касанія касательныхъ, проведенныхъ изъ X къ коническому сѣченію,—

то всѣ эти точки лежатъ на прямой x, полярѣ точки X[1]).

Полюсъ прямой.

81. Точно такимъ же образомъ мы покажемъ, что всѣ прямыя, сопряженныя съ прямой x, проходятъ черезъ точку X, которую мы назовемъ полюсомъ прямой x. Дѣйствительно, если мы предположимъ, что на чертежѣ 48 проведены еще прямыя NX и N_1X, которыя можно обозначить черезъ x' и x'', то мы получимъ

$$(xx'ac) = -1$$

и

$$(xx''bd) = -1.$$

Если мы считаемъ прямую x или NN_1 произвольно взятой и проводимъ изъ точки N прямыя a и c, касающіяся коническаго сѣченія въ точкахъ A и C, то точку X мы можемъ опредѣлить какъ точку пересѣченія прямой AC и прямой x', раздѣляющей гармонически вмѣстѣ съ x пару прямыхъ a и c. И гдѣ бы ни была взята точка N на прямой x, хорда BD, соединяющая точки касанія касательныхъ b и d, проведенныхъ изъ N_1, всегда должна проходить черезъ данную точку X и точно такъ же прямая x'', гармоническая x по отношенію къ a и b, всегда должна проходить черезъ ту же точку X. Отсюда слѣдуетъ (черт. 48)

---

[1]) На этомъ чертежѣ, какъ и на послѣдующихъ, только для удобства выбранъ изъ коническихъ сѣченій эллипсъ. Понятно, что теоремы относятся и ко всякому коническому сѣченію, если только ясно не оговорено противное.

Теорема 45. Если мы проведемъ изъ точекъ прямой x по двѣ касательныхъ къ коническому сѣченію и построимъ:

1) четвертую гармоническую къ x относительно двухъ такихъ касательныхъ;

2) двѣ другія діагонали въ полномъ четырехугольникѣ, образованномъ такими двумя парами касательныхъ;

3) прямыя, соединяющія точки касанія (хорды касанія);

4) касательныя въ точкахъ пересѣченія x (если онѣ имѣются) съ коническимъ сѣченіемъ, —

то всѣ эти прямыя проходятъ черезъ точку X, полюсъ прямой x. Понятно, что, въ свою очередь, x — поляра точки X.

Затѣмъ изъ 3) въ обѣихъ послѣднихъ теоремахъ слѣдуетъ

Дополненіе. Если точка X находится на коническомъ сѣченіи, то поляра ея — касательная къ этой точкѣ и точно такъ же полюсъ касательной есть точка ея прикосновенія.

На основаніи этихъ теоремъ мы можемъ дать точное опредѣленіе сопряженныхъ элементовъ, не зависящее отъ вещественности точки пересѣченія соотвѣтственныхъ касательныхъ, въ такой формѣ: Произвольно взятая точка и любая точка ея поляры относительно коническаго сѣченія представляютъ пару сопряженныхъ точекъ. Затѣмъ, данная прямая и любая прямая, проходящая черезъ ея полюсъ относительно коническаго сѣченія, представляютъ сопряженую пару.

Отсюда непосредственно слѣдуетъ:

Если двѣ точки сопряженныя, то поляра одной точки проходитъ черезъ другую и на каждой изъ двухъ сопряженныхъ прямыхъ находится полюсъ другой.

Задача 50. Если кривая 2-го порядка разлагается на двѣ прямыя, то изъ теоремы 43 (стр. 92) слѣдуетъ вышеупомянутая (стр. 35) теорема.

Какая получится теорема, если кривая 2-го класса разлагается на двѣ точки?

§ 28. Полярный треугольникъ.

82. Беремъ произвольную точку X въ плоскости коническаго сѣченія и проводимъ ея поляру x; возьмемъ на x произвольную точку Y. Тогда поляра y точки Y должна во всякомъ случаѣ проходить черезъ X, такъ какъ X и Y сопряженныя точки. Пусть точка пересѣченія x и y будетъ Z. Эта точка Z есть сопряженная съ X, а также и съ Y, и

слѣдовательно, XY или z поляра точки Z. Треугольникъ XYZ обладаетъ, слѣдовательно, такимъ свойствомъ, что каждая изъ его вершинъ имѣетъ полярой противолежащую сторону. Такой треугольникъ называется полярнымъ треугольникомъ относительно коническаго сѣченія.

Мы уже получили полярный треугольникъ XYZ на чертежѣ 48 (стр. 90); изъ этого чертежа слѣдуетъ другой способъ построенія полярнаго треугольника относительно коническаго сѣченія. Если A, B, C, D какія-либо четыре точки на коническомъ сѣченіи, то построимъ въ полномъ четырехугольникѣ, образованномъ этими четырьмя точками, три діагональныя точки; онѣ и образуютъ полярный треугольникъ. Если, обратно, на чертежѣ 65 намъ данъ полярный треугольникъ XYZ относительно коническаго сѣченія, то мы слѣдующимъ образомъ найдемъ группу четырехъ точекъ A, B, C, D, которыя находятся съ нимъ въ той же самой геометрической связи (т. е. A, B, C, D будутъ вершины полнаго четырехугольника, а X, Y, Z діагональныя точки). Выбираемъ произвольную точку на коническомъ сѣченіи и проводимъ прямую AZ, которая пересѣкаетъ коническое сѣченіе и во второй точкѣ B. Соединивъ прямыми X съ A и B, получимъ на нихъ точки пересѣченія C и D.

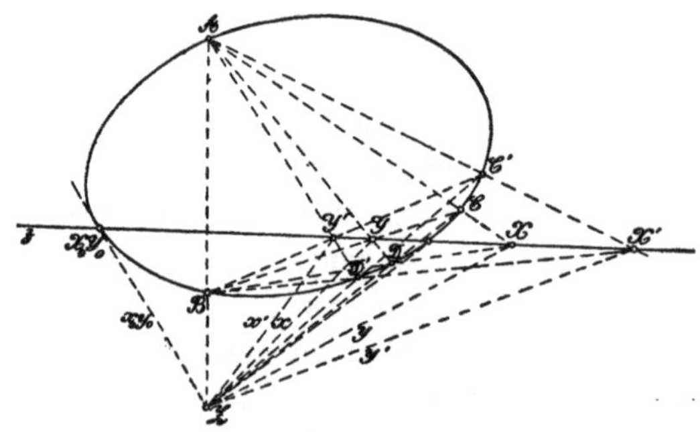

Черт. 65.

Точка пересѣченія прямыхъ CD и AB должна лежать на полярѣ x точки X, т. е. CD проходитъ черезъ Z. Точно такъ же AD и BC должны проходить черезъ Y. Пусть теперь точка X двигается по z, и строимъ поляру для каждаго новаго положенія этой точки.

Чтобы, напримѣръ, найти поляру для X', проведемъ прямую AX', которая пересѣчетъ коническое сѣченіе еще разъ въ точкѣ C'. Если тогда BC' пересѣчется съ x въ точкѣ Y', то ZY' или x' и будетъ полярой X'. Отсюда слѣдуетъ

Рядъ точекъ $(X, X' \ldots)$ $\overline{\overline{\wedge}}$ съ пучкомъ прямыхъ $A\ (X, X' \ldots)$
$\overline{\wedge}$ съ пучкомъ прямыхъ $B\ (C, C' \ldots)$
$\overline{\overline{\wedge}}$ съ рядомъ точекъ $(Y, Y' \ldots)$
$\overline{\overline{\wedge}}$ съ пучкомъ прямыхъ $Z\ (Y\ Y' \ldots)$.

Такимъ образомъ, рядъ точекъ X, X' находится въ проективномъ соотвѣтствіи съ пучкомъ $x, x'\ldots$ поляръ, и мы получаемъ

Теорему 46. Если точка X движется по прямой z, то ея поляра x относительно коническаго сѣченія описываетъ пучокъ прямыхъ съ центромъ въ полюсѣ Z для прямой z, проективно-соотвѣтственный ряду точекъ X.

Если прямая вращается вокругъ точки Z, то полюсъ прямой движется по полярѣ z этой точки.

На чертежѣ 65 мы имѣемъ систему полярныхъ треугольниковъ XYZ, $X'Y'Z'$ и т. д., которые всѣ имѣютъ общую вершину Z и стороны, противоположныя этой вершинѣ, лежатъ на прямой z.

Задача 51. Доказать теорему: Шесть вершинъ двухъ полярныхъ треугольниковъ относительно коническаго сѣченія лежатъ на одномъ коническомъ сѣченіи, а ихъ шесть сторонъ касаются второго коническаго сѣченія.

Инволюція на прямой и въ точкѣ относительно коническаго сѣченія.

83. Рядъ точекъ $X, X'\ldots$ находится не только въ проективномъ соотвѣтствіи съ рядомъ $Y, Y'\ldots$ (черт. 65), но это соотвѣтствіе отличается частнымъ характеромъ, а именно: представляетъ инволюцію, такъ какъ поляра y точки Y проходитъ черезъ X. Пары точекъ X, Y, X', Y' образуютъ инволюцію, а именно: инволюцію сопряженныхъ точекъ на z. Точно такъ же пары прямыхъ x, y, x', y' принадлежатъ инволюціи, именно: инволюціи сопряженныхъ прямыхъ, проходящихъ черезъ Z. Если z пересѣкаетъ коническое сѣченіе въ дѣйствительныхъ точкахъ, то онѣ двойныя точки инволюціи точекъ (напр. X_0, Y_0). Если изъ точки Z можно провести дѣйствительныя касательныя къ коническому сѣченію, то онѣ двойныя прямыя инволюціи прямыхъ (напр. x_0, y_0). z не пересѣкаетъ коническаго сѣченія въ дѣйствительныхъ точкахъ, тѣмъ не менѣе можно, на основаніи предыдущаго, построить инволюцію точекъ. Она будетъ, конечно, эллиптической и ею можно воспользоваться для того, чтобы замѣнить мнимыя точки пересѣченія прямой съ коническимъ сѣченіемъ примѣнимымъ геометрически построеніемъ.

Затѣмъ, если изъ точки Z нельзя провести ни одной касательной къ коническому сѣченію, то инволюція сопряженныхъ прямыхъ, проходящихъ черезъ Z, становится эллиптической и всегда можетъ быть опредѣлена. Вмѣсто мнимыхъ касательныхъ можно тогда разсматривать эту инволюцію. Если прямая z касается коническаго сѣченія или точка Z лежитъ на немъ, то инволюція, принадлежащая z или Z, становится параболической.

Законъ двойственности на плоскости.

84. Если въ плоскости дано коническое сѣченіе k^2, въ частномъ случаѣ — кругъ, и какая-либо фигура, то для каждой точки этой фигуры можно построить поляру, а для каждой прямой полюсъ относительно конического сѣченія. Точкамъ прямой соотвѣтствуютъ тогда по теоремѣ 46 (стр. 107) прямыя, которыя всѣ проходятъ черезъ полюсъ данной прямой.

Четыре точки на одной прямой опредѣляютъ, такимъ образомъ, четыре прямыхъ, проходящихъ черезъ одну точку и, кромѣ того, ангармоническое отношеніе этихъ четырехъ прямыхъ тождественно съ ангармоническимъ отношеніемъ четырехъ точекъ. Точкѣ пересѣченія двухъ прямыхъ соотвѣтствуетъ прямая, соединяющая полюсы обѣихъ прямыхъ. и т. д. Изъ первой фигуры мы можемъ поэтому вывести такую вторую, которая въ точности будетъ соотвѣтствовать первой по закону двойственности плоскости 7. *a*. Теперь между обѣими фигурами существуетъ прямая геометрическая зависимость: онѣ суть взаимныя другъ къ другу.

Какой-либо кривой, какъ геометрическому мѣсту точекъ, соотвѣтствуетъ кривая, огибаемая соотвѣтственными прямыми. Классъ послѣдней одинаковъ съ порядкомъ первой. Точки коническаго сѣченія k^2 опредѣлены тѣмъ, что прямыя, соотвѣтственныя имъ, а именно касательныя къ k^2, проходятъ черезъ нихъ.

§ 29. Центръ, діаметръ, ось коническаго сѣченія.

85. Изъ общихъ теоремъ теоріи поляръ мы получимъ частныя, метрическія, если введемъ безконечно-удаленные элементы. Мы убѣдились въ допустимости и необходимости предположенія, что всѣ безконечно-удаленныя точки плоскости лежатъ на одной прямой. Для этой безконечно-удаленной прямой мы можемъ построить полюсъ относительно коническаго сѣченія и мы его получимъ, если станемъ проводить изъ точекъ безконечно-удаленной прямой пары касательныхъ къ коническому сѣченію.

Хорды, соединяющія точки касанія, всѣ проходятъ черезъ этотъ полюсъ.

Полюсъ безконечно-удаленной прямой мы назовемъ центромъ коническаго сѣченія, а каждую проходящую черезъ него хорду -- діаметромъ. Обѣ точки пересѣченія діаметра съ коническимъ сѣченіемъ должны гармонически раздѣляться центромъ и точкой пересѣченія діаметра съ безконечно-удаленной прямой; и, слѣдовательно, каждый діаметръ дѣлится въ центрѣ пополамъ (теорема 44. 1, стр. 104). Для эллипса и гиперболы центръ лежитъ на конечномъ разстояніи и для послѣдней (теорема 45, 4, стр. 105) — точка пересѣченія ассимптотъ. Для параболы, которая касается безконечно-удаленной прямой, центръ находится въ точкѣ касанія безконечно-удаленной прямой и есть, слѣдовательно, безконечно-удаленная точка параболы. Слѣдовательно, всѣ діаметры параболы параллельны. Отсюда вытекаетъ

Теорема 47. Линіи, соединяющія точки касанія параллельныхъ касательныхъ коническаго сѣченія (эллипса или гиперболы), всѣ проходятъ

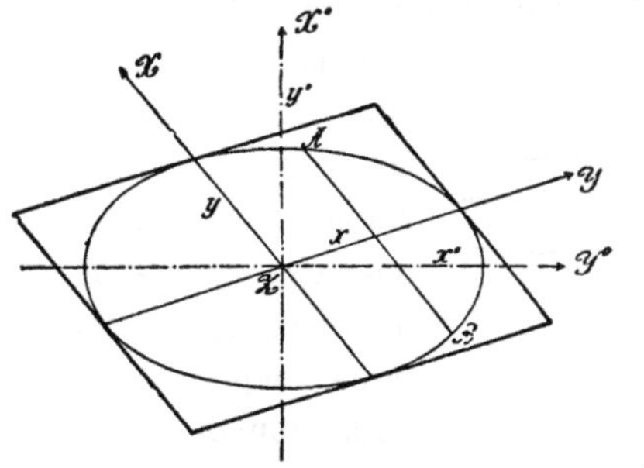

Черт. 66a.

черезъ центръ и называются діаметрами. Каждый діаметръ дѣлится центромъ пополамъ (черт. 66a и 66b).

Сопряженные діаметры.

86. Возьмемъ теперь на черт. 65 (стр. 106) за z безконечно-удаленную прямую. Тогда Z будетъ центромъ коническаго сѣченія (черт. 66a и 66b). Линіи x, y, x', y' станутъ сопряженными прямыми, проходящими черезъ центръ; онѣ называются сопряженными діаметрами. Каждый изъ нихъ есть, слѣдовательно, поляра безконечно-удаленной точки другого. Если мы проведемъ хорду AB параллельно одному изъ двухъ сопряженныхъ діаметровъ, то средина этой хорды должна лежать на другомъ изъ нихъ, такъ какъ она вмѣстѣ съ X раздѣляетъ гармонически точки A и B. Слѣдовательно, коническое сѣченіе относительно сопряженныхъ діаметровъ обладаетъ косоугольной симметріей.

Отсюда вытекаетъ

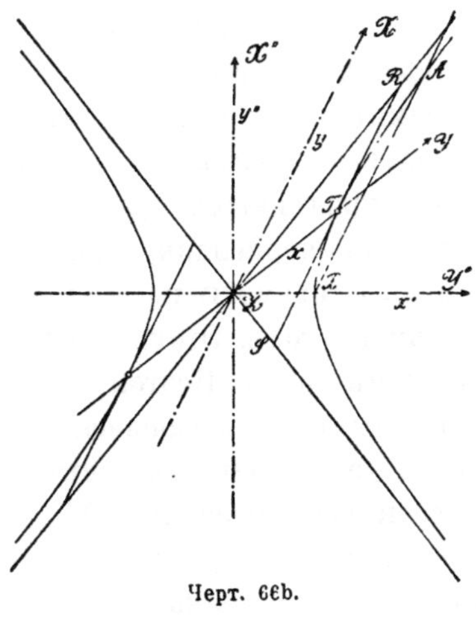

Черт. 66b.

Теорема 48. Сопряженныя прямыя, проходящія черезъ центръ коническаго сѣченія образуютъ инволюцію сопряженныхъ діаметровъ. Каждый изъ двухъ сопряженныхъ діаметровъ дѣлитъ пополамъ всѣ хорды, параллельныя другому. Касательныя въ концахъ одного діаметра параллельны сопряженному діаметру. Каждая пара сопряженныхъ діаметровъ образуетъ съ безконечно-удаленной прямой полярный треугольникъ (черт. 66a и 66b). Когда намъ дана (черт. 66c) парабола и AB, $A'B'$ параллельныя между собою хорды, средины которыхъ точки N, N', то всѣ эти точки лежатъ на діаметрѣ, который проходитъ черезъ безконечно-удаленную точку S параболы. Діаметръ пересѣкаетъ параболу въ точкѣ T, и касательная въ этой точкѣ параллельна AB.

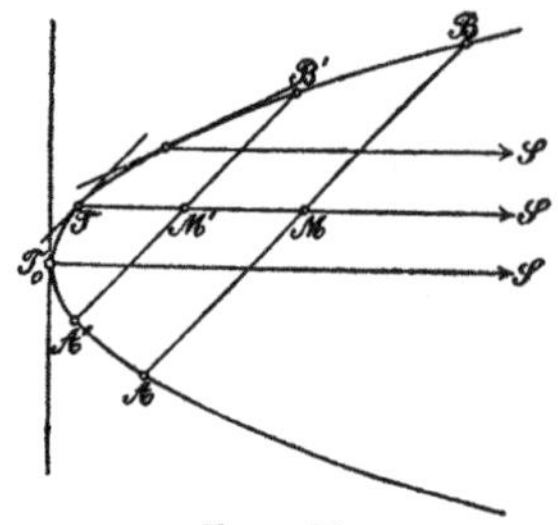

Черт. 66с.

Оси коническаго сѣченія.

87. Въ инволюціи сопряженныхъ діаметровъ центральнаго коническаго сѣченія всегда есть по теоремѣ 24 (стр. 63) два взаимно-перпендикулярныхъ (x'', y'') діаметра. Они называются главными осями коническаго сѣченія.

Въ эллипсѣ, согласно съ его опредѣленіемъ (срав. 76), инволюція сопряженныхъ діаметровъ должна быть эллиптической, обѣ оси пересѣкаютъ кривую въ дѣйствительныхъ точкахъ (большая и малая ось) (черт. 66a).

Наоборотъ, центру гиперболы принадлежитъ инволюція съ дѣйствительными двойными прямыми. Это — асимптоты кривой. Каждая асимптота, слѣдовательно, сопряжена сама съ собой. Всякіе два сопряженные діаметра гиперболы раздѣляютъ гармонически асимптоты. Отсюда непосредственно слѣдуетъ, что точка касанія T касательной (черт. 66b) лежитъ по срединѣ отрѣзка RS, который отсѣкается асимптотами на касательной. Оси дѣлятъ пополамъ углы между асимптотами; одна изъ нихъ, x'', пересѣкаетъ гиперболу въ дѣйствительныхъ, а другая, y'', въ мнимыхъ точкахъ.

Если въ инволюціи сопряженныхъ діаметровъ коническаго сѣченія встрѣчаются двѣ пары взаимно-перпендикулярныхъ прямыхъ, то инволюція по теоремѣ 24 (стр. 63) прямоугольная и всѣ сопряженныя пары діаметровъ образуютъ прямой уголъ. Этотъ случай бываетъ только тогда, когда эллипсъ обращается въ кругъ. Поэтому мы можемъ сказать:

Если инволюція прямыхъ, относящаяся къ центру коническаго сѣченія, прямоугольная, то такое коническое сѣченіе есть кругъ.

Въ самомъ дѣлѣ: если мы обозначимъ M центръ, черезъ A постоянную и черезъ B перемѣнную точку коническаго сѣченія, то по теоремѣ 48 (см. выше) діаметръ, сопряженный съ направленіемъ AB, проходитъ черезъ средину AB и перпендикуляренъ къ AB, слѣдовательно, $MB = MA$, т. е. всѣ точки коническаго сѣченія находятся на равномъ разстояніи отъ M.

Но и въ каждомъ коническомъ сѣченіи можно найти отдѣльныя точки, которыя отличаются тѣмъ, что принадлежащія имъ относительно коническаго сѣченія инволюціи прямыхъ прямоугольныя. Это фокусы коническихъ сѣченій.

Между параллельными діаметрами параболы существуетъ одинъ T_0S, перпендикулярный къ касательной, которая можетъ быть построена въ его всегда дѣйствительной точкѣ пересѣченія T_0 съ параболой. Этотъ діаметръ называется осью, а точка T_0 вершиной параболы.

Задача 52. Произвольная прямая пересѣкаетъ гиперболу въ точкахъ A и B и асимптоты въ точкахъ C и D; доказать, что $CA = BD$. Воспользоваться для доказательства только-что данной теоремой относительно касательныхъ.

Задача 53. Задано коническое сѣченіе пятью точками или пятью касательными. Построить его центръ.

Рѣшеніе. Проводятъ параллельныя касательныя и этимъ опредѣляютъ діаметръ.

Задача 54. Принявъ въ конфигураціи Маклорена (черт. 48) за z безконечно-удаленную прямую, вывести теорему: Во всякомъ параллелограммѣ, описанномъ вокругъ коническаго сѣченія, діагонали — сопряженные діаметры.

ГЛАВА VII.

Коническія и линейчатыя поверхности 2-го порядка, образованныя помощью проективныхъ формъ.

§ 30. О поверхностяхъ вообще.

Линейчатыя поверхности.

88. Поверхность (напр.: плоскость, шаръ, конусъ) содержитъ двукратно безконечно большое число (∞^2) точекъ, которыя опредѣляются извѣстнымъ математическимъ закономъ. Въ аналитической геометріи поверхность опредѣляется уравненіемъ, которому должны удовлетворять координаты (x, y, z) каждой точки поверхности.

Поверхность можетъ имѣть то особенное свойство, что ее можно образовать движеніемъ неизмѣняемой кривой, которую вообразимъ, напр., сдѣланной изъ проволоки. Въ самомъ простомъ случаѣ эта кривая можетъ быть прямой. Поверхности, образуемыя движеніемъ прямой, называются вообще линейчатыми. Онѣ содержатъ, соотвѣтственно съ способомъ своего образованія, просто безконечное количество (∞^1) прямыхъ, которыя называются образующими поверхности.

Такія линейчатыя поверхности встрѣтятся намъ всякій разъ, какъ только мы примемся за изученіе геометрическихъ мѣстъ, образуемыхъ двумя проективно-соотвѣтственными формами одного измѣренія, когда онѣ расположены произвольно въ пространствѣ; напр., по 57 два произвольно-расположенные въ пространствѣ ряда точекъ образуютъ такую систему безконечно большого числа прямыхъ, не лежащихъ въ одной плоскости.

Мы можемъ различать два типа линейчатыхъ поверхностей, въ зависимости отъ взаимныхъ отношеній двухъ безконечно-близкихъ образующихъ поверхности. А именно: различаются слѣдующіе случаи:

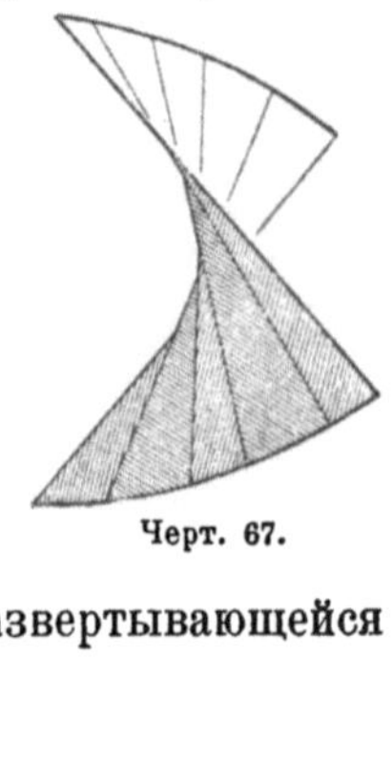

Черт. 67.

а) Какія-либо двѣ безконечно-близкія производящія поверхности постоянно пересѣкаются. Тогда онѣ опредѣлятъ плоскость и часть этой плоскости, находящаяся между двумя производящими, будетъ элементомъ поверхности. Слѣдовательно, элементы поверхности всѣ плоскіе (черт. 67). Такая поверхность (которая также можетъ быть произведена движеніемъ плоскости) называется развертывающейся (développable).

Двѣ какія-либо не безконечно-близкія образующія поверхности конечно могутъ и не пересѣкаться.

Простѣйшая развертывающаяся поверхность — конусъ.

Онъ образуется произвольнымъ движеніемъ какой-либо прямой, одна точка которой неподвижна. Эта неподвижная точка называется вершиною конуса.

Если вершина лежитъ въ безконечности и прямая, двигаясь по какому-либо закону, постоянно остается параллельной самой себѣ, то вмѣсто конуса получится цилиндръ.

b) Какія-либо двѣ безконечно-близкихъ прямыхъ поверхности не пересѣкаются. Тогда отдѣльные элементы поверхности не плоскіе, а кривые, такъ что двѣ сосѣднія прямыя поверхности не пересѣкаются, какъ бы близко ихъ другъ къ другу ни взяли, а направлены косо другъ къ другу. Такія поверхности называются косыми линейчатыми поверхностями.

Мы познакомимся немного ниже и съ такими поверхностями.

Касательныя плоскости къ поверхности.

89. Если намъ дана точка P на поверхности, то мы можемъ на поверхности провести черезъ P безконечное множество кривыхъ, напр. въ видѣ сѣченій поверхности плоскостями пучка, ось котораго проходитъ черезъ P. Каждая изъ этихъ кривыхъ имѣетъ въ P касательную, и эта касательная имѣетъ съ кривой, а стало-быть, и съ поверхностью двѣ общихъ совпадающихъ точки въ P, и, значитъ, она будетъ касательной и къ поверхности. Анализъ показываетъ, что всѣ эти касательныя къ поверхности въ точкѣ P лежатъ въ одной плоскости, которая называется касательной плоскостью къ поверхности въ точкѣ P. P называется точкой прикосновенія касательной плоскости. Каждая прямая, проведенная въ этой плоскости черезъ P, имѣетъ съ поверхностью въ P двѣ общихъ совпадающихъ точки.

Если прямая h вся цѣликомъ лежитъ на поверхности, то, слѣдовательно, касательная плоскость въ каждой точкѣ h проходитъ черезъ эту прямую.

Если на поверхности лежатъ двѣ пересѣкающихся прямыхъ, то касательная плоскость, проведенная черезъ точку ихъ пересѣченія, опредѣляется какъ плоскость, содержащая обѣ эти касательныя, безразлично, безконечно ли близки онѣ другъ къ другу, или образуютъ конечный уголъ.

Если P точка конуса, то во всякомъ случаѣ касательная плоскость въ точкѣ P проходитъ черезъ образующую, которая проходитъ черезъ P. Это есть прямая, соединяющая P съ вершиной S конуса. Къ этой образующей черезъ S можно провести другую безконечно-близкую образующую и опредѣленная ими обѣими плоскость должна быть касательной плоскостью въ точкѣ P. Такимъ образомъ, для всѣхъ точекъ образующей конуса (и вообще развертывающейся поверхности) касательная плоскость одна и та же. Слѣдовательно, касательная плоскость касается конуса или развертывающейся поверхности вдоль образующей (примѣръ: круглый конусъ).

Порядокъ и классъ поверхности.

90. Подъ порядкомъ поверхности подразумѣваютъ число точекъ пересѣченія произвольной прямой съ поверхностью, при чемъ это понимается алгебраически, т. е. не обращая вниманія на число дѣйствительныхъ точекъ пересѣченія (срав. 58).

Этотъ порядокъ даетъ максимальное число дѣйствительныхъ точекъ пересѣченія, которая можетъ имѣть прямая съ поверхностью.

Если, напр., конусъ второго порядка, то какая-либо прямая пересѣкаетъ его въ двухъ точкахъ. Черезъ эти двѣ точки проходятъ двѣ образующихъ конуса, именно: прямыя, соединяющія эти точки съ вершиной конуса. Плоскость, проходящая черезъ прямую и вершину конуса, имѣетъ съ конусомъ обѣ общія образующія. Слѣдовательно, порядокъ конуса равенъ числу образующихъ, по которымъ произвольная плоскость, происходящая черезъ вершину конуса, пересѣкаетъ его.

Прямая пересѣченія какой-либо плоскости съ поверхностью n-го порядка, кривая n-го порядка и каждая прямая въ этой плоскости имѣетъ съ поверхностью, а слѣдовательно, и съ кривой n общихъ точекъ.

Классомъ поверхности называется число касательныхъ плоскостей, которыя можно провести черезъ произвольную прямую къ поверхности, опредѣляя это число алгебраически, т. е. принимая въ расчетъ и мнимыя плоскости.

Конусъ, какъ вообще и всякая развертывающаяся поверхность, содержитъ просто безконечно-большое число (∞^1) касательныхъ плоскостей. Въ этихъ поверхностяхъ классъ опредѣляется числомъ касательныхъ плоскостей къ поверхности, которыя проходятъ черезъ произвольную точку.

Примѣръ косой линейчатой поверхности.

91. Даны три прямыхъ h, h_1, h_2, между которыми нѣтъ двухъ, лежащихъ въ одной плоскости. Кромѣ того, перемѣнная прямая движется въ пространствѣ такъ, что постоянно пересѣкаетъ каждую изъ этихъ трехъ прямыхъ. Доказать, что

1. Движущаяся прямая опредѣляетъ пересѣченіемъ на трехъ неподвижныхъ прямыхъ проективно-соотвѣтственные ряды точекъ.

2. Если какая-либо прямая пересѣкаетъ движущуюся прямую въ трехъ ея положеніяхъ, то она пересѣкаетъ ее въ каждомъ положеніи.

Сначала покажемъ, какъ можно получить прямыя, которыя встрѣчаютъ h, h_1, h_2. Выбираемъ на h совершенно произвольно точку A (черт. 68); тогда черезъ A и h_1, какъ и черезъ A и h_2 можно провести плоскости (Ah_1), (Ah_2). Обѣ эти плоскости пересѣкутся тогда по прямой a,

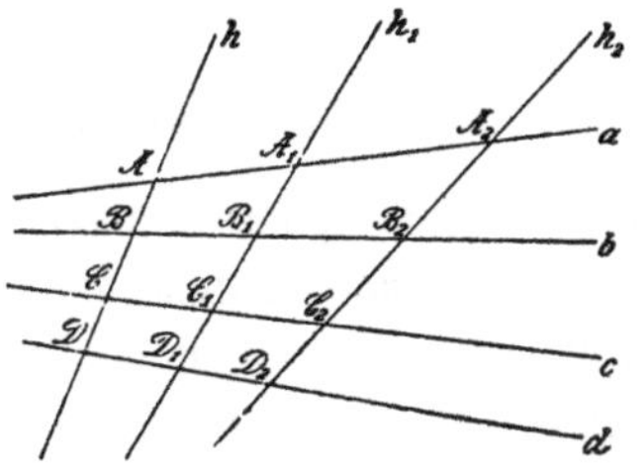

Черт. 68.

которая встрѣчаетъ h_1 въ A_1, а h_2 въ A_2 и, слѣдовательно, обладаетъ требуемымъ свойствомъ. Этимъ способомъ мы можемъ найти безконечное множество такихъ прямыхъ b, c, d... и т. д., выбирая на h точки B, C, D...

Ясно, что какія-либо двѣ такихъ прямыхъ, напримѣръ, a и b, не пересѣкаются между собою. Дѣйствительно, если бы онѣ пересѣкались, то онѣ лежали бы тогда въ одной плоскости, и въ той же самой плоскости должны бы лежать и h, h_1, h_2, что противорѣчитъ нашему предварительному предположенію. Слѣдовательно, прямая описываетъ косую поверхность. Но по теоремѣ 4 (стр. 24)

$$(ABCD) = [(Ah_1)(Bh_1)(Ch_1)(Dh_1)] = (A_2B_2C_2D_2)$$

и

$$(ABCD) = [(Ah_2)(Bh_2)(Ch_2)(Dh_2)] = (A_1B_1C_1D_1),$$

слѣдовательно

$$(ABCD) = (A_1B_1C_1D_1) = (A_2B_2C_2D_2).$$

Этимъ доказана первая часть нашей теоремы.

Предположимъ, что мы нашли такую прямую h_x, которая пересѣкаетъ a, b и c. Если мы станемъ проектировать теперь изъ h_x пучкомъ плоскостей проективно-соотвѣтственные ряды точекъ A, B, C... на h и $A_1, B_1, C_1, \dots$ на h_1, то эти пучки плоскостей будутъ проективно-соотвѣтственными. Но тогда тождественны слѣдующія плоскости:

$$(Ah_x) \equiv (A_1h_x) \equiv (h_xa)$$
$$(Bh_x) \equiv (B_1h_x) \equiv (h_xb)$$
$$(Ch_x) \equiv (C_1h_x) \equiv (h_xc).$$

Такимъ образомъ, въ проектитно-соотвѣтственныхъ пучкахъ плоскостей три плоскости совпадаютъ съ соотвѣтственными имъ плоскостями и, слѣдовательно, каждая плоскость должна быть тождественна съ соотвѣтственной къ ней. Поэтому также

$$(Dh_x) \equiv (D_1 h_x),$$

т. е. прямая d и вообще всякая такая прямая пересѣкаетъ h_x.

§ 31. Коническая поверхность 2-го порядка.

92. Разсмотримъ теперь два проективно-соотвѣтственные пучка плоскостей съ осями s и s_1, пересѣкающимися въ точкѣ S (черт. 69). Тогда каждыя двѣ соотвѣтственныя плоскости пересѣкаются по прямой, также проходящей черезъ эту точку S. Значитъ, геометрическое мѣсто прямыхъ пересѣченія проективно-соотвѣтственныхъ пучковъ плоскостей представляетъ коническую поверхность съ вершиной S. Посмотримъ, какого она порядка, — сосчитаемъ, въ сколькихъ точкахъ эта коническая поверхность пересѣкается произвольной прямой g. Для этой цѣли проведемъ черезъ g какую-нибудь плоскость. Она пересѣчетъ проективно-соотвѣтственные

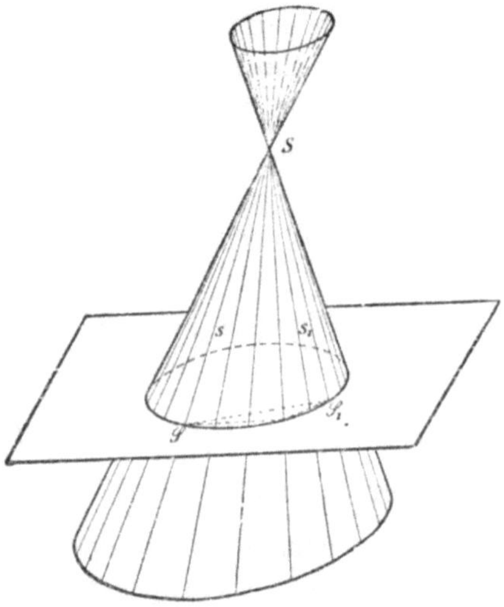

Черт. 69.

пучки плоскостей s и s_1 въ двухъ проективно-соотвѣтственныхъ пучкахъ прямыхъ S и S_1, и кривая, по которой коническая поверхность пересѣкается плоскостью, представляетъ собой пересѣченіе соотвѣтственныхъ прямыхъ въ этихъ двухъ проективно-соотвѣтственныхъ пучкахъ прямыхъ. Слѣдовательно, въ сѣченіи конической поверхности произвольной плоскостью получается коническое сѣченіе (самаго общаго типа). Но прямая g пересѣкаетъ послѣднее въ двухъ точкахъ, которыя являются и точками ея пересѣченія съ конической поверхностью. Слѣдовательно, коническая поверхность представляетъ собой поверхность 2-го порядка. Помощью аналитической геометріи можно доказать, кромѣ того, что всякая коническая поверхность 2-го порядка можетъ быть образована указаннымъ способомъ посредствомъ проективно-соотвѣтственныхъ пучковъ плоскостей. Значитъ, разсмотрѣнная здѣсь коническая поверхность — самая общая 2-го порядка. Замѣчая, кромѣ того, что касательная плоскость къ конусу пересѣкаетъ упомянутую плоскость по прямой, которая должна быть касательной къ коническому сѣченію, получающемуся на этой плоскости, можемъ высказать, какъ въ 59, слѣдующую теорему:

Теорема 49. Два проективно-соотвѣтственныхъ пучка плоскостей съ пересѣкающимися осями s и s_1 образуютъ прямыми, по которымъ пересѣкаются соотвѣтственныя плоскости, общій конусъ 2-го порядка, въ числѣ образующихъ котораго находятся и оси s и s_1. Касательныя плоскости вдоль этихъ образующихъ суть плоскости, соотвѣтствующія въ томъ и другомъ пучкѣ плоскости (ss_1). Сѣченіе конуса произвольной плоскостью — коническое сѣченіе. Конусъ также 2-го класса.

Такъ какъ каждую образующую слѣдуетъ взять на всемъ ея протяженіи по обѣимъ сторонамъ вершины, то конусъ состоитъ изъ двухъ полостей, сходящихся въ вершинѣ. Что же касается сѣченія конуса плоскостью ε, то при этомъ возможны три случая, которые различаются слѣдующимъ образомъ. Проведемъ черезъ вершину S конуса плоскость $\varepsilon_0 \# \varepsilon$ (параллельно). ε_0 можетъ заключать въ себѣ двѣ дѣйствительныя образующія конуса — тогда сѣченіе конуса плоскостью ε представляетъ собой гиперболу, направленія асимптотъ которой даны этими образующими. ε_0 можетъ не содержать въ себѣ ни одной дѣйствительной образующей конуса — въ этомъ случаѣ сѣченіе конуса плоскостью ε представляетъ собой эллипсъ. Наконецъ, когда ε_0 касается конуса, то вышеупомянутое сѣченіе обращается въ параболу. Этимъ оправдывается то, что̀ мы назвали эти кривыя „коническими сѣченіями“. Названіе это дано еще греками [1]).

93. Проведя черезъ точку S въ пространствѣ прямыя, проектирующія точки круга, получимъ коническую поверхность. Можно образовать эту коническую поверхность посредствомъ проективно-соотвѣтственныхъ пучковъ плоскостей, выбравъ какія-нибудь двѣ образующія за оси пучковъ и принявъ кругъ какъ кривую 2-го порядка, образованную посредствомъ проективно-соотвѣтственныхъ пучковъ прямыхъ. Конусъ, слѣдовательно, — поверхность 2-го порядка: она, какъ легко показать, тожде-

[1]) Аполлоній Пергейскій: Conica (250 до Р. Х.).

ственна съ общей конической поверхностью 2-го порядка—и произвольной плоскостью пересѣкается по коническому сѣченію. Отсюда слѣдуетъ

Теорема 50. Проекція круга изъ какой-нибудь точки на плоскость есть коническое сѣченіе.

Если точка S, въ частномъ случаѣ, взята на прямой, проходящей черезъ центръ круга M и перпендикулярной къ его плоскости, то мы получаемъ частный видъ конуса 2-го порядка, который можетъ быть образованъ также вращеніемъ прямоугольнаго треугольника вокругъ катета SM. Этотъ конусъ называется „прямымъ круглымъ конусомъ", или „конусомъ вращенія". Сѣченіе его произвольной плоскостью также есть коническое сѣченіе.

Если предположимъ, что оси s и s_1 проективно-соотвѣтственныхъ пучковъ плоскостей параллельны между собой, то вершина S конуса переходитъ въ безконечность и тѣ же построенія дадутъ намъ „цилиндръ 2-го порядка". Послѣдній можетъ быть трехъ видовъ, смотря по тому, пересѣкаетъ ли его безконечно-удаленная плоскость по двумъ дѣйстви-

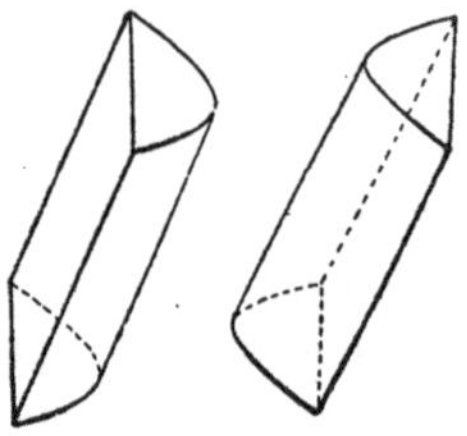

Черт. 70a.

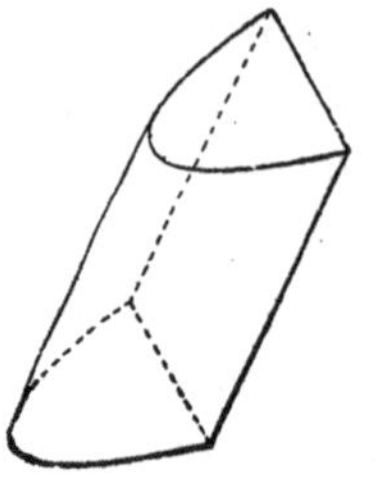

Черт. 70b.

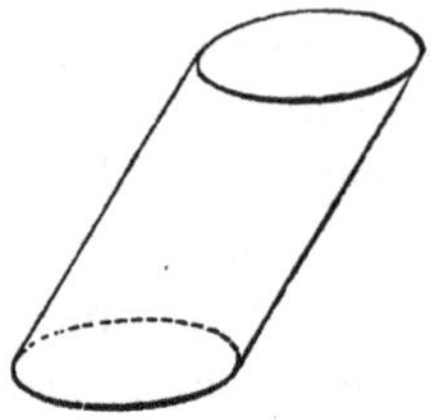

Черт. 70c.

тельнымъ, совпадающимъ или мнимымъ прямымъ. Соотвѣтственно этому существуютъ гиперболическіе (черт. 70a), параболическіе (черт. 70b) и эллиптическіе (черт. 70c) цилиндры 2-го порядка. Можно показать, что послѣдніе могутъ быть получены, если мы проведемъ черезъ точки круга въ произвольномъ направленіи прямыя, параллельныя между собой.

Если, наконецъ направленіе этихъ параллельныхъ прямыхъ перпендикулярно къ плоскости круга, то эллиптическій цилиндръ переходитъ въ „цилиндръ вращенія", или въ „прямой круглый цилиндръ".

§ 32. Линейчатая поверхность 2-го порядка.

94. Разсмотримъ теперь общій случай взаимнаго расположенія двухъ проективно-соотвѣтственныхъ пучковъ плоскостей, т. е. такой случай, при которомъ оси пучковъ s и s_1 не пересѣкаются. Каждыя двѣ соотвѣтствен-

ныя плоскости пучка, напримѣръ, α_1 и α_2, пересѣкутся по прямой h, которая должна пересѣчь s въ точкѣ P и s_1 въ точкѣ P_1 (черт. 71). Мы получаемъ, такимъ образомъ, безконечно-большое количество прямыхъ h, h_1, h_2 и т. д., которыя, очевидно, образуютъ косую линейчатую поверхность (доказательство аналогично данному въ 91). Совокупность этихъ прямыхъ мы называемъ также семействомъ прямыхъ и обозначаемъ его для краткости черезъ $[h]$. Опредѣленная такимъ образомъ линейчатая поверхность — поверхность 2-го порядка. Дѣйствительно, пересѣчемъ ее какой-нибудь плоскостью; тогда проективно-соотвѣтственные

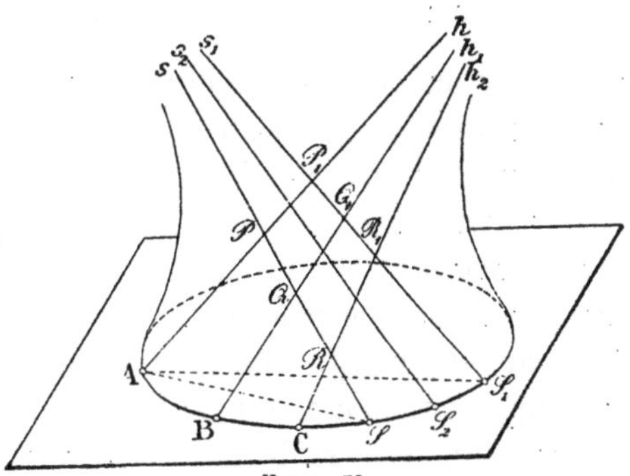

Черт. 71.

пучки плоскостей s и s_1 пересѣкаются по проективно-соотвѣтственнымъ пучкамъ прямыхъ S и S_1, которые пересѣченіемъ соотвѣтственныхъ прямыхъ опредѣляютъ сѣченіе поверхности плоскостью. Такимъ образомъ, произвольная плоскость пересѣкаетъ линейчатую поверхность по коническому сѣченію, слѣдовательно, поверхность эта — 2-го порядка. Вычисленіями можно опять показать, что общая поверхность 2-го порядка, когда она задана произвольнымъ уравненіемъ 2-ой степени, можетъ быть образована такимъ способомъ. Эта линейчатая поверхность 2-го порядка называется также „однополымъ гиперболоидомъ“.

Непосредственно получается и вторая система образующихъ нашей поверхности. Если образующая h_1 пересѣкаетъ оси s и s_1 въ точкахъ Q и Q_1, образующая h_1 — въ точкахъ R и R_1 и т. д., то рядъ точекъ $P_1, Q_1, R_1 \ldots$ перспективенъ къ плоскостямъ $\alpha, \beta, \gamma \ldots$ пучка, пересѣченіемъ котораго онъ получается. Точно такъ же рядъ точекъ $P, Q, R \ldots$ на s перспективенъ къ пучку плоскостей $\alpha_1, \beta_1, \gamma_1 \ldots$ Но такъ какъ оба пучка плоскостей проективно-соотвѣтственны, то и рядъ точекъ $P, Q, R \ldots$ проективно-соотвѣтственненъ ряду точекъ $P_1, Q_1, R_1 \ldots$. Семейство прямыхъ $[h]$ можетъ быть получено также посредствомъ соединенія прямыми соотвѣтственныхъ точекъ двухъ проективно-соотвѣтственныхъ рядовъ точекъ въ пространствѣ.

Но отсюда слѣдуетъ другое замѣчательное свойство. Именно, если s_2 — какая-нибудь прямая, пересѣкающая три прямыхъ h, h_1, h_2, то исполнены всѣ условія, необходимыя для того, чтобы можно было примѣнить высказанную (въ 91, 2) теорему. Поэтому s_2 должна пересѣчь всякую прямую семейства прямыхъ $[h]$, и всякая прямая, пересѣкающая h, h_1, h_2, обладаетъ этимъ свойствомъ. Но всѣ эти прямыя образуютъ новое семейство прямыхъ $[s]$, которое также 2-го порядка, и всѣ образующія этого новаго семейства прямыхъ $[s]$ должны также лежать на нашей поверхности 2-го порядка, такъ какъ черезъ всякую точку прямой на $[s]$ проходитъ прямая семейства $[h]$. Оси s и s_1 также принадлежатъ этому семейству $[s]$. Слѣдовательно:

Теорема 51. Два проективно-соотвѣтственныхъ пучка плоскостей при общемъ ихъ положеніи образуютъ пересѣченіемъ соотвѣтственныхъ плоскостей семейство прямыхъ $[h]$, или линейчатую поверхность 2-го порядка. Эту поверхность можно также образовать, соединяя прямыми соотвѣтственныя точки двухъ проективно-соотвѣтственныхъ рядовъ точекъ въ пространствѣ. На поверхности лежитъ еще другое семейство прямыхъ $[s]$. Никакая пара прямыхъ h не пересѣкается; то же справедливо и для прямыхъ s, но каждая прямая h пересѣкаетъ каждую прямую s. Какія-либо двѣ прямыя одного семейства прямыхъ пересѣкаются прямыми другого по проективно-соотвѣтственнымъ рядамъ точекъ.

Поверхность — такая-же, какъ и упомянутая въ 91, и она двоякимъ образомъ можетъ быть образована движеніемъ одной прямой. Дѣйствительно, если мы возьмемъ какія-либо три прямыя одного семейства прямыхъ и заставимъ другую прямую перемѣщаться такъ, чтобы она постоянно пересѣкала эти три прямыя, то движущаяся прямая опишетъ другое семейство прямыхъ. Если мы вообще имѣемъ такія двѣ системы $[h]$ и $[s]$ безконечно-большого количества прямыхъ, въ которыхъ всѣ прямыя одной системы не пересѣкаютъ другъ друга, между тѣмъ какъ всякая прямая одной системы пересѣкаетъ всякую прямую другой, то эти двѣ системы образуютъ два семейства прямыхъ такой линейчатой поверхности 2-го порядка (Монжъ, 1795).

95. Если проведемъ черезъ прямую h_x семейства прямыхъ $[h]$ какую-нибудь плоскость, то послѣдняя пересѣчетъ нашу поверхность еще по одной прямой, такъ какъ кривая, получающаяся въ сѣченіи, должна быть 2-го порядка. Эта прямая можетъ принадлежать только семейству прямыхъ $[s]$, такъ какъ она пересѣкаетъ h_x; назовемъ ее s_x. Для точки пересѣченія прямыхъ h_x и s_x наша плоскость представляетъ тогда касательную плоскость (89). Слѣдовательно, всякая плоскость, проходящая черезъ прямую поверхности 2-го порядка, касается этой поверх-

ности. Во всякой точкѣ поверхности касательная плоскость опредѣляется какъ плоскость, содержащая двѣ прямолинейныя образующія, проходящія черезъ эту точку.

Мы получимъ различные типы линейчатой поверхности 2-го порядка, если представимъ себѣ, что поверхность образована при помощи проективно-соотвѣтственныхъ рядовъ точекъ s и s_1. Тогда возможны слѣдующіе два случая:

a) Безконечно-удаленныя точки прямыхъ s и s_1 не соотвѣтствуютъ другъ другу въ проективномъ соотвѣтствіи этихъ рядовъ точекъ. Значитъ, безконечно-удаленной точкѣ прямой s, напримѣръ, соотвѣтствуетъ опредѣленная конечная точка на s_1. Прямая, проходящая черезъ эту точку параллельно къ s,—прямолинейная образующая h_x семейства прямыхъ $[h]$. Равнымъ образомъ для всякой прямолинейной образующей одного семейства существуетъ одна параллельная прямолинейная образующая другого. Образованная такимъ образомъ поверхность лежала до сихъ поръ въ основаніи нашихъ изслѣдованій, и мы ее назвали однополымъ гиперболоидомъ (черт. 72). Безконечно-удаленная плоскость пересѣкаетъ эту поверхность по коническому сѣченію.

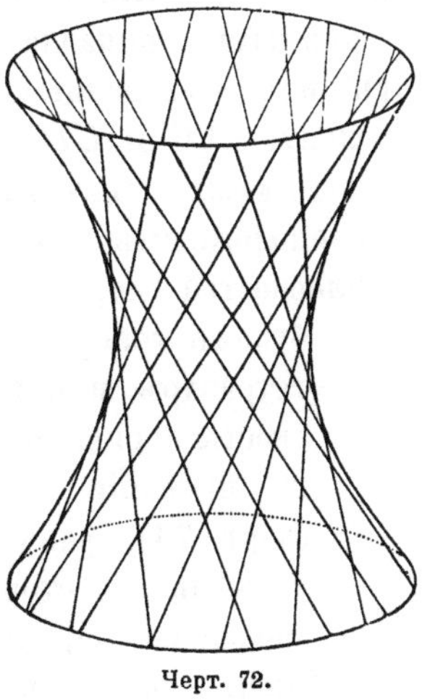

Черт. 72.

b) Если имѣетъ мѣсто болѣе частный случай, когда безконечно-удаленныя точки прямыхъ s и s_1 соотвѣтствуютъ другъ другу, то эти ряды точекъ подобны между собой. Прямая, соединяющая эти безконечно-удаленныя точки, есть безконечно-удаленная прямая $h\infty$, которая опредѣляется положеніемъ плоскости, параллельной къ плоскости прямыхъ s и s_1. Но всѣ прямыя семейства прямыхъ $[s]$ должны пересѣчь $h\infty$, значитъ, всѣ онѣ параллельны этой плоскости.

Безконечно-удаленная плоскость, заключая въ себѣ прямую h нашей поверхности, должна заключать въ себѣ и прямую s^{∞} другого семейства прямыхъ. Всѣ прямыя h должны пересѣчь s^{∞}, значитъ, и всѣ прямыя семейства прямыхъ $[h]$ параллельны опредѣленной плоскости. Образующаяся въ такомъ случаѣ поверхность называется „косымъ“ или „гиперболическимъ“ „параболоидомъ“ (черт. 73). Прямыя каждаго изъ обоихъ семействъ прямыхъ параллельны одной плоскости. Обѣ эти плоскости называются „направляющими“ плоскостями. Поверхность касается безконечно-удаленной плоскости.

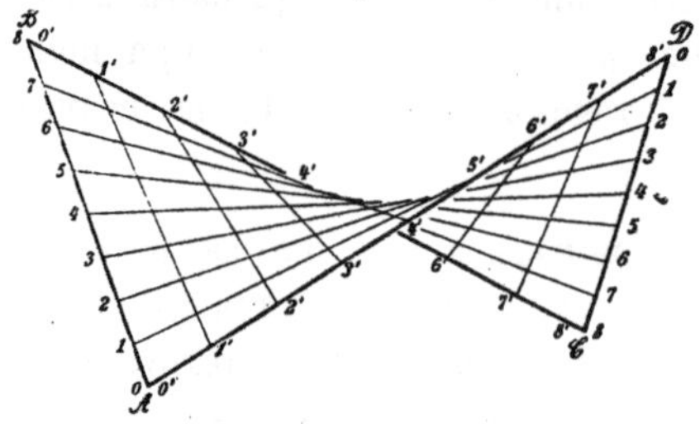

Черт. 73.

Мы получимъ также эту поверхность, если заставимъ прямую перемѣщаться такъ, чтобы она постоянно пересѣкала двѣ неподвижныя прямыя и при этомъ оставалась параллельной данной неподвижной плоскости.

Получится простое построеніе этой поверхности, если раздѣлить двѣ пары противоположныхъ реберъ тетраэдра на одинаковое число равныхъ частей и соединить соотвѣтственныя точки дѣленія.

Что обѣ эти системы прямыхъ принадлежатъ одной и той же поверхности, легко вытекаетъ изъ выведенныхъ теоремъ. Если, затѣмъ, возьмемъ плоскость, параллельную AB и CD, то она даетъ положеніе одной направляющей плоскости, между тѣмъ какъ другая направляющая плоскость параллельна противоположнымъ ребрамъ BC и AD. Пусть двѣ плоскости этихъ пучковъ плоскостей пересѣкаются по прямой g; если будемъ теперь ортогонально проектировать тетраэдръ и прямыя поверхности на плоскость, перпендикулярную къ g, то получимъ въ проекціи параллелограммъ $A_1B_1C_1D_1$ (черт. 74), равно какъ и прямыя, параллельныя его сторонамъ. Точки пересѣченія діагоналей m_1 есть проекція прямой m, соединяющей середины послѣдней пары противоположныхъ реберъ тетраэдра AC и BD. Слѣдовательно, направляющія плоскости параллельны также и прямой m.

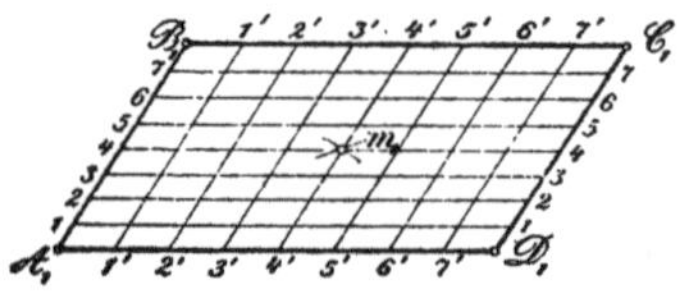

Черт. 74.

УКАЗАТЕЛЬ.

(Приведенныя цифры обозначаютъ страницы книги).

Литература.

a) Ученыя сочиненія.

Poncelet: Traité des propriétés projectives des figures. Paris. 1822.

Möbius: Der barycentrische Calcul. Leipzig. 1827.

Steiner: Systematische Entwicklung der Abhängigkeit geometrischer Gestalten von einander usw. Berlin. 1832.

v. Staudt: Geometrie der Lage. Nürnberg. 1847.
Beiträge zur Geometrie der Lage. Nürnberg. 1856. 1857. 1860.

Chasles: Traité de Géométrie supérieure. Paris. 1852.
Traité des sections coniques. Paris. 1865.

b) Курсы.

Steiner: Vorlesungen über synthetische Geometrie.

1. Teil: Die Theorie der Kegelschnitte in elementarer Darstellung, bearbeitet von Geiser. Leipzig. 1887.
2. Teil: Die Theorie der Kegelschnitte, gestützt auf projektivische Eigenschaften. 3. Auflage, besorgt von Sturm. Leipzig 1898.

Cremona: Elemente der projektivischen Geometrie. Deutsch von Trautvetter. Stuttgart. 1882.

Hankel: Vorlesungen über die Elemente der projektivische Geometrie. Leipzig. 1875.

Bobek: Einleitung in die projektivische Geometrie der Ebene. Leipzig. 1889.

Thomae: Die Kegelschnitte in rein projektiver Behandlung. Halle a/S. 1894.

Въ упомянутыхъ до сихъ поръ подъ b) сочиненіяхъ разсматриваются только „плоскія“ фигуры. Слѣдующія сочиненія разсматриваютъ также и формы пространственныя, поверхности и т. п.

Enriques: Vorlesungen über projektive Geometrie. Deutsche Ausgabe von Fleischer Leipzig. 1903.

Reye: Die Geometrie der Lage. 3 Abteilungen. 1. Abteil. 4. Auflage. Leipzig. 1899 2. und 3. Abteil. Leipzig. 1892. Zur Einführung in das Studium genügt die 1. Abteilung.

Начертательная геометрія очень часто пользуется методами проективной. Поэтому и въ учебникахъ начертательной геометріи излагается иногда проективная геометрія. Приведемъ самыя важныя:

Schlotke: Lehrbuch der darstellenden Geometrie. IV. Teil: Projektivische Geometrie. Dresden. 1896.

Wiener: Lehrbuch der darstellenden Geometrie. 1. Band. Leipzig. 1884. VI. Abschnitt.

Rohn und Papperitz: Lehrbuch der darstellenden Geometrie. 1. Band. 2. Auflage Leipzig. 1901.

Для лицъ, уже знакомыхъ съ элементарнымъ курсомъ, мы упоминаемъ еще о слѣдующемъ сочиненіи

Fiedler: Die darstellende Geometrie in organischer Verbindung mit der Geometrie der Lage. 1. Teil. Die Methoden der darstellenden und die Elemente der projektivischen Geometrie. 4. Auflage. Leipzig. 1904. 2. Teil. Die darstellende Geometrie der krummen Linien und Flächen. 3. Auflage. Leipzig. 1885. 3. Teil. Die konstruierende und analytische Geometrie der Lage. 3. Auflage. Leipzig. 1888.

Bei Fragen zur Produktsicherheit wenden Sie sich bitte an:
If you have any questions regarding product safety,
please contact:

Walter de Gruyter GmbH
Genthiner Straße 13
10785 Berlin
productsafety@degruyterbrill.com